U0337572

国家自然科学基金项目(61170078,61472228)资助
山东省重点研发计划项目(2018GGX101011)资助

基于工作流网的业务对齐方法研究

田银花　韩　咚　陆　翔　著

中国矿业大学出版社
·徐州·

内容提要

本书针对目前过程挖掘领域合规性检查方法复杂度较高的问题，借助对齐观察行为与建模行为的思想，采用工作流网为过程模型建模，实现了事件日志与过程模型之间的快速对齐，提高了合规性检查的效率。

本书可供从事过程挖掘及 Petri 网研究的科技工作者以及计算机软件与理论、计算机应用等专业研究生参考使用。

图书在版编目(CIP)数据

基于工作流网的业务对齐方法研究 / 田银花，韩咚，陆翔著. —徐州：中国矿业大学出版社，2019.12

ISBN 978-7-5646-4607-3

Ⅰ. ①基… Ⅱ. ①田… ②韩… ③陆… Ⅲ. ①数据处理—工作流管理系统—研究方法 Ⅳ. ①TP274-3

中国版本图书馆 CIP 数据核字(2019)第299346号

书　　名　基于工作流网的业务对齐方法研究

著　　者　田银花　韩　咚　陆　翔

责任编辑　何　戈

出版发行　中国矿业大学出版社有限责任公司

（江苏省徐州市解放南路　邮编 221008）

营销热线　(0516)83884103　83885105

出版服务　(0516)83995789　83884920

网　　址　http://www.cumtp.com　**E-mail**：cumtpvip@cumtp.com

印　　刷　江苏凤凰数码印务有限公司

开　　本　787 mm×1092 mm　1/16　**印张** 11.5　**字数** 210 千字

版次印次　2019 年 12 月第 1 版　2019 年 12 月第 1 次印刷

定　　价　45.00 元

（图书出现印装质量问题，本社负责调换）

前　言

过程挖掘的理念是通过从事件日志中提取出有价值的信息，去发现、监控和改进实际业务过程。其研究对于实施新的业务过程以及分析、改进已实施的业务过程具有非常重要的意义，是近年来相关领域国内外研究的热点。过程挖掘主要包括过程发现、合规性检查、过程增强等应用类型。其中，合规性检查将事件日志中的事件与过程模型中的活动进行对比，旨在找到观察行为和建模行为之间的共性和差异。

对齐是合规性检查的重要手段，能够精确定位偏差所在的具体位置。现存的对齐算法虽然可以得到事件日志与过程模型之间的所有对齐，但是计算过程较为复杂。本书对已有对齐方法进行深入研究，提出几类适用于不同场合的新的对齐方法，目的在于提高对齐方法的效率。本书主要贡献如下：

(1) 在研究最优对齐之间日志移动、模型移动和同步移动异同的基础上，提出了相似最优对齐的概念。对相似最优对齐的性质进行了研究，并给予了证明。通过定义最优对齐相似关系，给出了最优对齐集合的划分方法，并选取了代表项来简化最优对齐集合。通过对四种工作流模式结构特点进行分析，提出了多阶段对齐算法。该算法适用于能够分段的块结构过程模型，可求解此类模型与约束迹之间相似最优对齐代表项。

(2) 为了提高计算最优对齐的效率，提出了一种事件日志与过程模型之间的快速对齐方法——基于最优对齐树的对齐方法。该方法在观察事件日志和运行过程模型的基础上，比较事件和活动的异同，记录日志和模型的当前状态及比对结果，从而生成一棵最优对齐树。树中初始结点到终止结点的路径对应了最优对齐。该方法简化了对齐过程，但因生成结点过多，只适用于已研究或者更简单的模型和迹。

(3) 改进了基于最优对齐树的对齐方法，提出了一种精简对齐方法——基于最优对齐图的对齐方法。该方法大大减少了搜索空间中生成结点的数量，适用于更广泛的模型和迹。该方法生成一个最优对齐图，其源结点到终结点的路径包含了所有最优对齐。对该方法的适用性进行了详细且严格的描述，从理论上证明了该方法的合理性与有效性。

(4) 针对现有对齐方法一次只能计算一条迹与过程模型之间最优对齐的问题，提出一种批量迹与过程模型同时对齐的方法。该方法生成的变迁系统中包含了多条迹与过程模型之间的所有最优对齐。提出A＋算法及A＋＋算法，可分别在变迁系统中搜索得到事件日志中所有迹与过程模型之间的一个最优对齐和所有最优对齐。对该方法的复杂度进行了理论分析，并给出定理说明了其有效性。

本书分别实现了上述算法，采用大量事件日志与过程模型对算法进行了全面的实验评估。仿真实验结果说明了算法的健壮性和适用性。

著　者

2019年8月

目　录

1 绪　论

本章首先介绍了本课题的研究背景与意义。其次，介绍了目前该课题的国内外研究现状。再次，给出了本书主要的研究动机、研究内容与贡献。最后，介绍了本书的主要内容安排。

1.1 研究背景与意义

随着大数据[1-7]时代的到来，业务过程管理（Business Process Management，BPM）必将得到进一步的发展与改善[8]。业务过程管理以业务过程为根本出发点，以信息技术和管理技术为研究基础，为企业提供统一的建模、运行和监控环境[9-10]。为了更好地管理业务过程，各企业组织越来越多地利用模型来描述业务过程，以便能够更好地使执行过程自动化、与参与者通信以及评价业务过程[11-13]。

如今，绝大多数企业建立了信息管理系统[14]。例如，企业资源计划（Enterprise Resource Planning，ERP）、客户关系管理（Customer Relationship Management，CRM）、供应链管理（Supply Chain Management，SCM）等。

近年来，各企业组织普遍开始使用信息系统实施和管理业务[15]，系统中存储和处理的数据以惊人的速度增长。与此同时，企业组织之间的竞争使得各组织必须优化运行模式，因而各企业均致力于对业务流程进行监控、跟踪和记录，以便提高服务质量[16]。业务流程会在信息系统中留下足迹，形成事件日志[17]。日志由大量的独立事件组成，事件又称为迹。日志反映了业务的实际运行情况，是分析业务流程、发现过程、处理偏差、改善流程以及进行决策支持的重要基础。因此，日志的记录与分析对于企业组织的发展与优化是至关重要的[18-19]。

随着从事件日志中自动提取业务智能需求的逐渐增加，过程挖掘在业务过程管理中发挥着越来越重要的作用[20]。过程挖掘的基本理念主要是从事件日志中提取知识，进而发现、监控和改进实际业务过程[21]。具体工作包括过程发现(即从一个事件日志中抽象出过程模型)、合规性检查(即通过对齐模型和日志来监测偏差的发生情况)、社交网络/组织挖掘、模型增强、模型修复、案例预测,以及基于历史的推荐等[22-27]。

在企业管理中,完善的信息管理系统要求过程模型和事件日志之间具有较高的拟合度,即事件日志中的迹能在模型上完全重演[28]。但是,对事件日志与模型进行研究发现,信息系统中记录的事件日志与根据业务过程建立的模型之间经常存在一些偏差,导致迹不能在模型上重演。由于模型是对信息系统进行认证和模拟的有效工具,因此对记录系统实际运行行为的事件日志和过程模型之间进行合规性检查是非常必要的[29-30]。

图 1-1 阐述了过程挖掘技术应用的两类典型场景[31],其展示了过程挖掘和合规性检查在业务过程管理中的一般用途。信息系统支持甚至控制运营过程,二者之间进行交互。

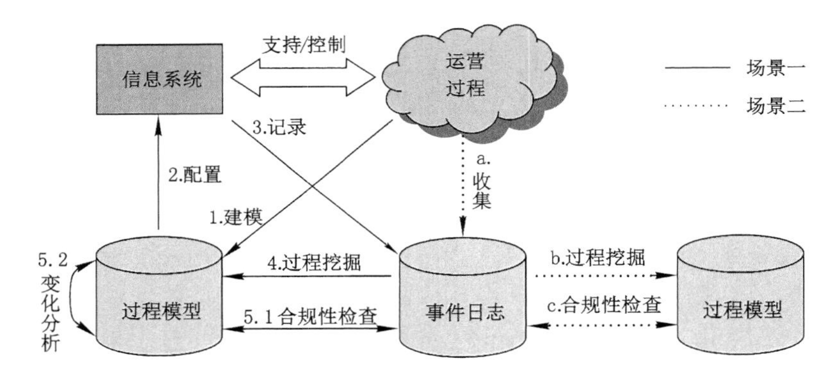

图 1-1　过程挖掘技术的典型应用场景

场景一的主要执行流程如下:首先,将运营过程抽象得到其过程模型,并根据该模型配置信息系统;其次,信息系统将运营过程中活动对应的事件记录入事件日志;然后,可以根据该事件日志采用一定的过程发现算法挖掘出过程模型;最后,将已获得的过程模型与事件日志进行合规性检查。同时,将根据运营过程建立的原始模型与从日志中挖掘出的过程模型进行变化分析。

场景二将执行流程进行了简化,其直接从运营过程中收集事件日志,然后从事件日志中挖掘出过程模型,并将该模型与事件日志进行合规性检查。

过程挖掘是从事件日志中得到过程模型的关键技术,在业务过程管理中起着举足轻重的作用[32]。合规性检查是衡量过程挖掘技术性能的一种重要手段[33-34]。合规性检查的结果可用于模型修复、日志修复、过程增强等多个方面，以发现更有效的过程挖掘方法，更好地对业务过程进行管理[35-37]。由此可见，过程挖掘与合规性检查在业务过程管理中具有重要作用。

1.2 研究现状

过程挖掘是一门相对年轻的学科，是数据挖掘与业务过程管理之间的桥梁。过程挖掘既位于机器学习和数据挖掘之间，又位于过程建模与分析中。近年来，伴随着事件数据的获得越来越容易，过程挖掘技术得以快速发展，许多软件商已将过程挖掘功能添加到产品套件中。过程挖掘的研究对于实施新的业务过程以及分析、改进已实施的业务过程具有重要的意义，是近年来相关领域全世界范围的研究热点。

合规性检查[38]是过程挖掘中必不可少的环节，也是一门非常重要的技术。目前，已提出多种不同的合规性检查方法，用以检查观测行为和建模行为之间的一致性。合规性检查将一个已知的过程模型与给定的事件日志进行比对，检查日志中记载的实际情况是否符合过程模型[39]。合规性检查的输入、输出情况如图 1-2 所示[39]。由图 1-2 可见，合规性检查以事件日志和过程模型作为输入，衡量二者的一致性情况，并给出诊断结果。衡量模型与日志合规性的质量维度有拟合度、简洁度、精确度和泛化度。拟合度是最重要的质量指标，是开展其他维度研究的基础，也是被研究最多的一个维度。在本书中，将衡量拟合度的方法统称为重演方法，而对齐方法是其中较为典型且实用的方法之一。

图 1-2 合规性检查的输入和输出

合规性检查所面临的最主要的挑战就是找到事件日志中观察到的行为在过程模型上重演的最好方法。重演以事件日志和过程模型作为研究对象，将事件日志在过程模型上重新执行一遍，考核二者之间的拟合情况。在众多重演方法中，业务对齐方法以事件日志和过程模型作为输入，去发现日志与模型之间的差异，确定二者之间出现偏差的具体位置。对齐方法既是合规性检查的一种重要手段，又是开展合规性检查的基础。因此，对齐方法在过程挖掘中起着重要的作用。

1.2.1 对齐方法的主要研究内容

业务对齐将一个事件日志和一个过程模型作为输入内容，即通过模型分析多种现象来重演历史，以发现不合需求的暗示着欺诈或者低效的偏差。本小节简单介绍事件日志和过程模型的概念，以及对齐方法在二者之间建立了何种关系。

事件日志中记录了业务过程执行时观察到的行为。一个简单的事件日志实例如表 1-1 所示[40]。该表记录了医院中诊治病人的业务过程。表中每一行代表了一个事件，所有事件都根据案例 ID 进行了分组。日志中记录的每个活动均已完成。除了活动之外，还有很多额外的信息被记录下来，如案例 ID、事件 ID、时间戳、资源等。虽然事件日志中记录了事件的详细信息，但是本书只从控制流视角进行研究。因此，只考察“案例 ID”和“活动”两列内容。

表 1-1 医院中一个事件日志 L_h

案例 ID	事件 ID	属性				
		时间戳	活动	资源	交易状态	…
1	1023	20-10-2013 11:50	register	John	complete	…
	1024	22-10-2013 08:10	lab test	Tifania	complete	…
	1025	22-10-2013 10:04	decide	Fitriani	complete	…
	1026	22-10-2013 10:20	payment	Arya	complete	…
	1027	23-10-2013 08:05	archive	Kate	complete	…
2	1028	20-10-2013 12:15	register	John	complete	…
	1029	22-10-2013 09:10	lab test	Tifania	complete	…
	1030	22-10-2013 10:00	decide	Fitriani	complete	…
	1031	25-10-2013 08:00	surgery	Jim	complete	…
	1032	25-10-2013 08:45	bedrest	Kate	complete	…
	1033	25-10-2013 09:10	decide	Fitriani	complete	…
	1034	25-10-2013 10:10	payment	Arya	complete	…
	1035	25-10-2013 12:10	archive	Kate	complete	…

表 1-1(续)

案例 ID	事件 ID	属性				
		时间戳	活动	资源	交易状态	…
3	1036	20-10-2013 13:30	register	John	complete	…
	1037	20-10-2013 13:40	surgery	Tifania	complete	…
	1038	20-10-2013 14:40	bedrest	Johann	complete	…
	1039	20-10-2013 15:30	decide	Fitriani	complete	…
	1040	23-10-2013 08:00	lab test	Tifania	complete	…
	1041	23-10-2013 09:30	payment	Arya	complete	…
	1042	23-10-2013 10:00	archive	Kate	complete	…
4	1043	20-10-2013 10:50	register	John	complete	
…	…	…	…	…	…	…

过程模型作为对齐方法的研究对象之一,其重要性可见一斑。目前,大多数组织都会采用规范的或者不规范的过程模型完成业务和过程的结构化和文档化。采用便于分析和制定操作流程的过程模型,可以实现对现有过程数据的严格分析。

过程模型的表达方式有很多,可以是形式化的,也可以是非形式化的。形式化的模型无二义性,一般被分析技术和工具所支持,但是,由于所有的细节都需要明确地表示以至于形式化模型过于复杂;非形式化模型忽略了一些细节,因此较为简单,但是,这也意味着非形式化模型具有二义性且容易产生误导性认知。为了对模型展开正确的分析,根据形式化过程建模语言建立的模型比非形式化的模型更具有价值。另外,由于图形化模型简单直观,所以此类模型更受欢迎。

Petri 网是一种形式化过程建模语言,提供了明确的图形符号。而且,多种分析技术均支持对 Petri 网的分析,因此 Petri 网是一种较好的建模工具。建模过程控制流(即活动流)的 Petri 网被称作工作流网,即 WF-net。工作流网定义了同一类案例共同的动态行为。本书中采用的工作流网表达方式均遵循 Petri 网的表达方式,其描述模型的范围是 Petri 网的子集。

一个简单的工作流网模型实例如图 1-3 所示[40]。图中,圆形结点表示库所,白色正方形结点表示变迁,黑色正方形结点表示不可见变迁。有向连线表示模型中的流关系。库所中的黑色圆点表示托肯,托肯在库所中的分布情况定义了模型的状态。模型中的每个库所都有唯一的名字。每个变迁不仅有唯一的名字，而且还映射着一个活动名（不可见变迁除外）。

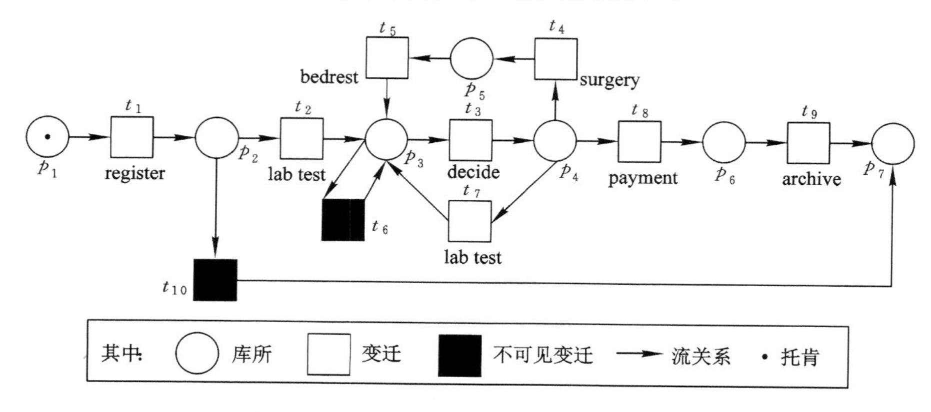

图 1-3　医院中诊治病人的工作流网模型 N_h

图 1-3 给出了一个医院中诊治病人的工作流网模型。首先，病人看病要登记（register），并预约一个实验室检查（lab test）；然后，医生根据病人病情决定（decide）病人需要进一步的检查（lab test）、手术（surgery），还是立即回家；如果病人需要手术治疗，那么病人要暂时住在医院里（bedrest）直到医生决定下一步的治疗方案；如果安排病人回家，那么在回家之前，病人需要付清费用（payment）；当诊治过程结束后，医院的管理部门需要将整个治疗过程的文件归档（archive）。另外，如果一个注册的病人没有去做检查，那么一定时间后该病人的诊治过程自动结束。时间超时的操作可由系统自动执行，并未产生可见活动，因此在模型中用不可见变迁 t_{10} 来表示。同样，在决定病人的治疗方案时，主治医生可以多次咨询其他医生或者专家，而该行为也不会记录在医院的信息系统中。此时信息系统中不会观察到任何活动，在模型中用不可见变迁 t_6 来表示。在工作流网中，不可见变迁一般用来为“改变过程状态却不能在信息系统中直接被观察到的行为”建模。

重演是将事件日志在过程模型上重新执行一遍的方法。对齐方法作为重演方法之一，其执行思路也是如此。对齐方法及其他重演方法中，事件日志和过程模型之间的映射关系如图 1-4 所示[40]。

通过在模型上重演日志，可以检测和量化日志与模型之间的差异。例如，将事件日志 L_h 中案例 1 的活动按时间顺序在过程模型 N_h 上重演，模型中存在一个完整变迁引发序列＜t_1，t_2，t_3，t_8，t_9＞映射成的活动序列＜register，

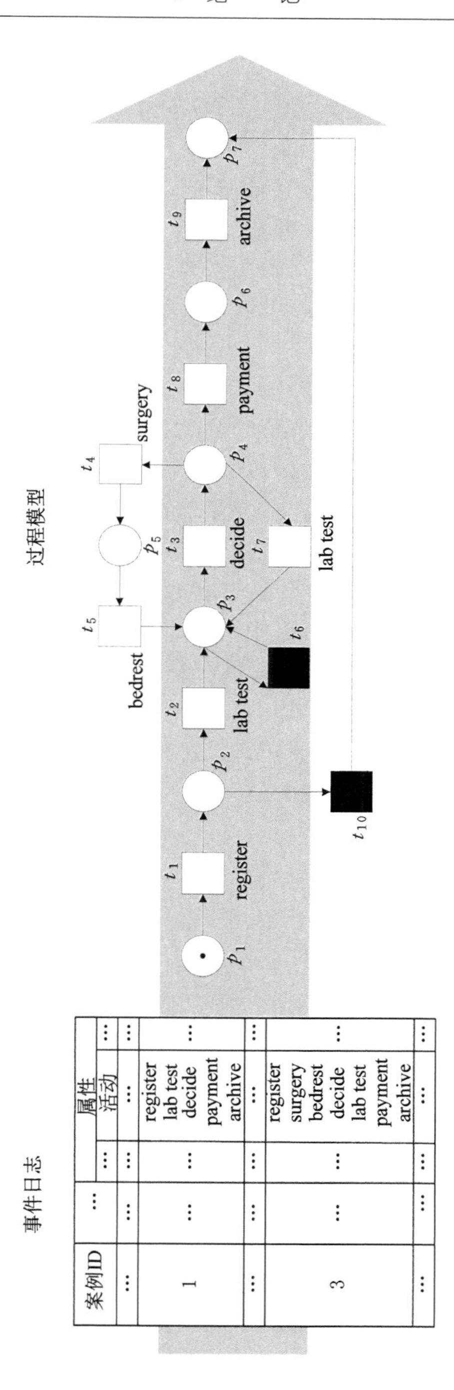

图1-4 对齐中事件日志与过程模型之间的映射关系

lab test,decide,payment,archive>,和案例 1 中的活动序列完全相同。在过程挖掘中,每个案例均包含了一个完整的、顺序的活动序列,称作迹。根据上述分析,迹 1 和过程模型是拟合的。当日志 L_h 中案例 3 的活动序列在模型 N_h 上重演时,案例中第一个活动"register"执行后,模型不再允许其后继活动"surgery"执行。因此,迹 3 和过程模型不拟合。

可见,对齐方法及其他重演方法是检查事件日志与过程模型的拟合情况的一种重要手段。通过重演日志,可以进行合规性检查、检测瓶颈、建立预测模型等。

1.2.2 对齐方法及相关工作介绍

目前,已有大量关于对齐方法及其他重演方法的文献呈现了此类方法的思想、动机以及解决的问题。国内外很多学者致力于研究从信息系统事件日志中挖掘活动间的关系,考察事件日志与过程模型之间的合规性,以对原有的工作流进行诊断、控制、管理和优化,在过程挖掘领域做出了突出贡献。

Rozinat 等[41]提出基于托肯重演的方法,该方法根据迹中事件的次序依次引发模型中的变迁。如果根据迹中的事件,某个变迁应该引发但是该变迁并未引发,那么可能引发了不可见变迁。若没有不可见变迁,则增加缺失的托肯来确保有变迁引发。所有被添加的托肯都被记录下来。当所有的迹都在模型中被重演之后,对模型中保留的托肯数进行累加,所添加托肯的总数用来衡量日志与模型之间的一致性。该方法可以评价过程挖掘算法的性能,并已经应用于很多案例研究[42-48]。

给定一个事件日志,Goedertier 等[49]提出一种追加人工消极事件到日志的方法,以便从积极和消极事件中发现 Petri 网模型。为了评价该方法的性能,他们提出了一种人工消极事件的重演方法。根据该方法,日志中每条迹的事件都被从其他迹的事件中独立地解析出来。当要重演迹中的事件时,若某个变迁应该引发但是没有引发,那么强迫该变迁引发。消极事件可以根据日志量化情况衡量发现模型的特殊性。如果模型允许消极事件的执行,则模型的特殊性降低。

Rozinat 等[50]将根据日志发现的过程模型的质量问题转化成隐式马尔可夫模型中查找序列的问题。首先,将 Petri 网模型转换成隐式马尔可夫模型[51],而日志则作为发生事件序列的集合来处理。运用 Viterbi 算法[52]等技术,可以识别使用隐式马尔可夫模型序列表示生成序列的最大可能性。借助此类序列,日志中事件的发生很容易关联到原始 Petri 网模型的变迁引发。

Petkovic 等[53]提出一个框架来检查数据保护政策中 BPMN(Business

Process Modeling and Notation，业务流程建模与标注）形式描述的可执行过程和事件日志中数据的符合性。该方法使用 COWS（Calculus for Orchestration of Web Services）表示[54]，COWS 为服务计算领域的一种基本语言，包括过程验算和 WS-BPEL（Web Services Business Process Execution Language，Web 服务业务流程执行语言）。给定一个 BPMN 模型和一条迹，该方法可将模型转换成 COWS 规范集合。COWS 规范集合可以表示为标签变迁系统。迹中的事件和变迁系统中的变迁进行配对。若不存在和事件相关的变迁，则识别为偏差，而模型中多余的变迁直接忽略不计。

Banescu 等[55]提出一种根据过程规范度量隐私符合性的方法，该方法已实际应用于安全领域。该方法使用的模型由标签 Petri 网进行描述。为了较好地量化迹与 Petri 网模型之间的符合性，该方法在模型中选择一个和迹最相似的完整引发序列。引发序列和迹之间相似性的计算方法和它们之间的 Levenshtein 距离[56]的计算方法一致。该方法将迹中事件映射到模型中的变迁，使用事件和变迁组成序对的代价函数作为非消极值。

Ferreira 等[57]给出一种将低粒度事件映射成高粒度任务过程的技术。高粒度模型称作宏模型，低粒度模型称作微模型。假设给定宏模型有多级代理执行模型任务，而代理以低粒度执行迹，即微序列。该技术采用微序列和模型来构建最合适的描述代理行为的微模型集合。给定宏模型和微序列，使用基于预期最大化的过程来构建微模型。首先，选择宏模型的随机序列来表示微序列，生成和微序列相同长度的宏模型任务序列，该序列称作宏序列。其次，宏序列被用来评价微序列集合。集合的质量根据生成原始微序列的可能性进行衡量。微模型集合再次被用来更好地评估宏序列。此过程不断迭代直到宏序列和微模型收敛于一点。

Cook 等[58-59]提出一种比较迹与过程模型来量化二者之间相似度的方法。该方法通过增加或者删除迹中的事件，使之转变成能够被模型允许的事件流。迹与过程模型之间的相似度则由迹中增/删的事件数进行量化。给定迹和过程模型，该方法使用状态空间查找技术将具有相同标签的迹中事件与模型中任务进行配对。如果二者之间的映射不能被执行，则根据情况在迹中插入额外事件，或者从迹中移除多余事件。

Günther 等[60-61]提出一种启发式方法，将迹中发生的事件映射到模糊模型的结点来模拟过程的执行。该方法可以实现给定迹与模糊模型之间的重演。Juhás 等[62]提出一种具有多项式复杂度的算法，检查 LPOs（Labeled Partial Orders）形式的情景能否被 Petri 网模型执行。Munoz-Gama 等[63-64]

提出 SESE(Single-Entry Single-Exit)分解式合规性检查方法,该方法将较大规模的模型和事件日志划分成可以独立分析的较小模块。该方法不仅有助于加速合规性检查,而且提供了改进的诊断技术,适合于大规模过程模型与事件日志之间的合规性检查[65-66]。

目前,在众多的重演方法中,对齐是最先进、最前沿的方法之一[67-68]。对齐的主要思想是发现过程模型与事件日志之间的偏差。一般情况下,偏差数最少的对齐被认为是最优对齐。

Adriansyah 等[68]提出的对齐方法能够获得事件日志与过程模型之间所有的对齐。该方法的主要算法思想如下:首先,根据给定迹生成一个顺序结构的日志模型,日志模型中变迁之间是全序关系;其次,计算该日志模型与过程模型的乘积模型;再次,求乘积模型的变迁系统图;最后,利用 A * 对齐算法在变迁系统图中查找出最优对齐。

Lu 等[69-70]提出基于偏序事件数据的合规性检查方法,该方法先从已有日志中获得偏序迹。接着,在合规性检查的输入和输出中,使用偏序迹以及偏序对齐分别合并事件之间灵活的、不确定的、并发的和明确的次序关系。

Song 等[71]提出了事件日志与过程模型之间的高效对齐方法,该方法通过启发式规则和迹重演等技术缩小了查找空间,但是其查找空间中仍保留着无法到达最优对齐的冗余结点。该方法可以在搜索空间中查找最优对齐,执行效率有所提高,但只能得到所有最优对齐的一个子集。

对齐方法非常实用且应用广泛[72-74]。自从对齐方法被提出以来,已经展开了很多基于对齐的研究工作,将对齐的思想及结果应用到过程挖掘的各个领域,如基于对齐的精确度检查[75-82]、模型修复[83-90]以及遗传过程挖掘[91]等。可见,对齐在过程挖掘等领域发挥着越来越重要的作用。

1.2.3 对齐方法面临的主要挑战

给定事件日志和过程模型,将日志中事件的发生与模型中变迁的引发建立关联关系,即在模型中重演事件,是合规性检查的基础。对齐方法必须能够健壮地处理事件日志与过程模型中的特殊情况。而且,对齐方法应该具备可扩展性,即它们能够处理规模庞大、结构复杂的事件日志和过程模型。同时,对齐结果必须为下一步的分析提供额外的洞察力。

以图 1-3 所示工作流网模型 N_h 为例,结合对齐方法以及其他多种重演方法存在的问题,讨论目前对齐方法所面临的主要挑战:

(1) 重复变迁。工作流网中可能有多个变迁具有相同的标签,即活动名。模型 N_h 中,变迁 t_2 和 t_7 具有相同的活动名“lab test”。日志在模型 N_h 上重演时，每当遇到活动名为“lab test”的事件，模型都要判断该活动应该映射到变迁 t_2 还是变迁 t_7。一个好的对齐方法应该能够将此类活动正确映射到相应的重复变迁。

(2) 不可见变迁。工作流网中可能存在没有标签的变迁，引发此类变迁产生的活动对于信息系统是不可见的。例如，模型 N_h 中，变迁 t_6 和变迁 t_{10} 则为不可见变迁。给定模型 N_h 上一个变迁引发序列＜t_1，t_{10}＞，可以产生一条迹。其中，变迁 t_1 映射到活动“register”，而变迁 t_{10} 是不可见变迁，不会映射到任何活动。因此，该变迁引发序列对应的迹为＜register＞。显然，此例中变迁引发序列长度和迹长度是不同的，但是迹＜register＞与模型 N_h 却是完全拟合的。对齐方法绝对不能在完全拟合的迹和过程模型之间发现偏差，好的对齐方法应该能够正确处理模型中存在的不可见变迁。

(3) 复杂模式。对齐方法应该能够处理过程模型中可能存在的复杂控制流模式，如非自由选择结构等。

(4) 循环结构。当工作流网中存在循环结构时，该网能够产生的行为是无限多的。例如，模型 N_h 中，变迁 t_3 和变迁 t_7 及相应的库构成一个循环结构。对齐方法应该能够实现循环结构中活动和变迁的正确映射。

(5) 偏差。为免观察到的正确行为不被模型允许或者错误行为被模型引发变迁映射，对齐方法不必对所有的偏差都异常敏感。例如，前面出现的偏差不应该影响后面活动在模型上的重演。如迹＜register，surgery，lab test，decide，payment，archive＞在模型 N_h 上重演时，活动“surgery”出现偏差。但是处理该活动后，其后面的活动“lab test”“decide”“payment”“archive”是被模型 N_h 允许的。因此，一旦出现偏差，就结束对齐工作是不合适的。

(6) 语义严格的模型。对齐结果是基于观察行为和建模行为开展的各种分析方法的基础，因此对齐结果必须简明且无二义性。已有的过程建模语言种类繁多，语义严格的建模工具产生的对齐结果则较为严谨。

(7) 诊断。对齐方法除了能够判断迹是否能由过程模型生成外，还应该能够提供一些诊断信息。例如，对齐结果可以提供诊断信息来解释出现偏差的原因。

(8) 可扩展性。随着信息系统中可用数据越来越多，对齐方法应该可以用来处理规模较大的日志和模型。因此，评价对齐方法时，方法的时间复杂度和空间复杂度也要进行充分的考察。

1.2.4 对齐方法与其他重演方法的比较分析

根据目前对齐方法所面临的挑战，考察了对齐方法和其他几种典型重演方法所具备的特征，其结果如表1-2所示。从该表中可以看出，任何重演方法都不具备所有的特征，即任何重演方法都不支持所有的考核标准。对齐方法亦是如此。

表1-2 对齐方法与其他重演方法的比较

重演方法	特征							
	重复变迁	不可见变迁	复杂模式	循环结构	偏差	严格语义	诊断	可扩展性
基于托肯的重演方法[41]	+/−	+/−	+/−	+	+	+	+/−	+/−
人工消极事件的重演方法[49]	+/−	+/−	+/−	+	+	+	+/−	+
隐式马尔科夫模型的合规性检查[50]	+	−	−	+	−	+	−	−
后验数据目的的控制分析方法[53]	+	+	+	+	−	+	−	+/−
隐私符合性的度量方法[55]	+	+	+/−	−	+	+	+	−
业务过程中代理行为的理解方法[57]	+/−	+/−	+/−	+	−	+	−	−
事件流和模型流的比较方法[58]	+/−	+/−	+/−	+	+	+	+	−
模糊模型的重演方法[60]	−	−	+/−	+/−	−	−	−	+
规范场景可执行性的检查方法[62]	+	−	−	+	−	+	−	+
观察行为和建模行为的对齐方法[40]	+	+	+/−	+	+	+	+	+/−

其中，+：完全支持；+/−：部分支持；−：不支持。

在众多重演方法中，支持重复变迁和不可见变迁的方法占大多数，其中有一些方法只是部分支持。完全支持重复变迁和不可见变迁的方法，都是基于状态空间的分析方法，如观察行为和建模行为的对齐方法[40]等。此类方法总是在找到最优解之前，列举出所有可能的解。一些方法虽然也是基于状态空间的分析方法，但因其使用了启发规则简化搜索空间，从而产生了错误的结果，以至于只能部分支持重复变迁和不可见变迁，如事件流和模型流的比较方法[58]。因此，对模型与迹进行全局分析是重演方法支持重复变迁和不可见变迁的主要原因。

从表1-2中可以看出，只有后验数据目的的控制分析方法[53]完全支持复杂的控制流模式。大部分重演方法都是部分支持模型中带有复杂模式。基于状态空间的方法，若考虑所有的可能解，则由于生成的搜索空间过大，而导致不能处理模型中的复杂模式。如观察行为和建模行为的对齐方法[40]，虽然其建模工具Petri网能够有效地描述变迁之间的并发关系，但若并发的变迁过多，容易引起可达状态空间的“爆炸”。有些方法是因为不能处理不可见变迁，而无法处理复杂模式[50,62]。有些方法在处理复杂模式时，无法得到最小偏差，因此也只能认为此类方法部分支持复杂模式[41,49,60]。

除了隐私符合性的度量方法[55]和模糊模型的重演方法[60]之外，其他方法都完全支持循环结构。许多方法只能判断迹与模型之间是否拟合，而无法给出不拟合情况下具体偏差所在位置。一般情况下，能够完全诊断出偏差的方法，也能够对模型或迹出现偏差的原因进行正确追溯。除了基于模糊模型的重演方法，其他方法都具有严格的语义。

表1-2分析的各类重演方法中，基于托肯的重演方法、人工消极事件的重演方法、事件流和模型流的比较方法及观察行为和建模行为的对齐方法都是目前使用较为频繁且综合性能较好的方法。其中，观察行为和建模行为的对齐方法因其可以规范地计算迹与过程模型之间的所有偏差，很好地实现了观察行为与过程行为之间的对齐，而被广泛应用于过程挖掘的各个方面。“对齐”这个概念更是贴切地形容了观察行为与过程行为之间查找偏差的有效方式。但是，该方法中也存在一些问题有待解决，如只能处理部分复杂模式、可扩展性低等。

本书旨在深入研究观察行为和建模行为的对齐方法的基础上，提出一些优化的对齐方案。

另外，观察行为和建模行为的对齐方法由Adriansyah等提出，在下文中为了简化该方法的名称，称其为“Adriansyah等提出的对齐方法”或“A＊对齐方法”。

1.3 研究动机与贡献

近年来，过程挖掘一直是工作流研究领域的热点。本书在对现有对齐方法进行研究的基础上，尝试提出新的对齐方法来解决已有方法中存在的一些问题。

1.3.1 研究动机

对齐方法是最先进的重演方法之一，其主要作用是进行事件日志与过程模型之间的拟合度度量。但是研究大量重演方法，尤其是对齐方法的文献后发现，现有的对齐方法存在以下三方面的问题，亟待进一步解决：

(1) 通过对对齐结果进行研究，发现基于标准似然代价函数的过程模型与迹之间的最优对齐数量较多。有些最优对齐之间非常相似，具体体现为一些最优对齐包含的移动集合完全相同，只是移动出现顺序不同。具有此类性质的最优对齐集合可以进行分组，并可从每组中选取一个代表项，来代表一组相似最优对齐。如此一来既能简化最优对齐集合的计算，又能反映迹与过程模型之间所有的偏差。但是现有文献中虽然给出了最优对齐分组方法的描述，却未给出该方法的形式化定义。且根据该方法，很难实现最优对齐的精确分组，甚至无法对相似最优对齐进行合理分组。

(2) 尽管 Adriansyah 等提出的对齐方法为各种复杂日志及模型提供了强健的偏差分析，但是该方法具有较高的复杂性。另外，其他对齐方法执行过程也较为复杂，甚至有些方法并不能找到迹与过程模型之间的所有最优对齐。

(3) 已有的对齐方法每次只能计算一条迹与过程模型之间的最优对齐，但在实际应用情况下事件日志中存在多条迹，如果要计算多条迹与过程模型之间的最优对齐，就要反复多次调用已有对齐方法。例如，使用 Adriansyah 等提出的对齐方法，则在计算过程中需多次求日志模型与过程模型的乘积以及乘积模型的变迁系统。该过程不断重复且非常复杂，不仅工作量庞大，而且占用的存储空间较多。

本书的研究动机在于发现现有对齐算法中存在的问题，设计解决方案，提出新的高效对齐算法。

1.3.2 研究内容

针对目前对齐方法研究过程中存在的问题，本书的研究内容主要有以下几个方面：

(1) 相似最优对齐及分组方法的研究

根据网上购物流程建立工作流网模型，计算给定迹与模型之间所有的最优对齐。我们将包含移动集合完全相同但移动出现顺序不同的最优对齐，定义为相似最优对齐。分析了相似最优对齐的性质，并给出了有关定理。定义最优对齐相似关系和等价关系，给出了最优对齐集合的划分方法，并可选取代表项，简化最优对齐集合，但代表项仍然可以体现迹与过程模型之间的所有偏差。

在研究相似最优对齐的基础上，为了提高事件日志与过程模型之间合规性检查的效率，提出了一种基于工作流网基本结构的相似最优对齐计算方法——多阶段对齐算法。该算法可求解工作流网模型与约束迹之间所有的相似最优对齐代表项。仿真实验证明了该相似最优对齐方法的合理性和有效性。

为了使得最优对齐的分组具有意义并简化最优对齐集合，提出了一种基于质数权值的相似最优对齐分组算法。研究不同移动之间的差异，为其分配不同权值。分析权值特性与质数不可约分性之间的对应关系，从而将不同移动的权值设置为不同质数。最终，将权值之积作为最优对齐的代价值，根据代价值的异同实现最优对齐的分组。基于质数权值的分组算法使得包含相同移动多重集，但移动出现位置不同的相似最优对齐具有相同的代价，从而实现分组。证明了分组算法的有效性，应用实例描述了算法的执行过程，并正确实现了相似最优对齐的分组功能。

(2) 最优对齐树方法和最优对齐图方法的研究

对齐方法的执行过程总体来说分为两个步骤：一是根据迹与过程模型生成搜索空间；二是在搜索空间上使用查找算法找到最优对齐。目前，查找算法的研究已较为成熟。因此，若要提高计算最优对齐的效率，当务之急是缩小生成的搜索空间。搜索空间越小，查找过程花费的时间越短，占用的空间也越小。本书考虑将代价函数作为约束条件应用到生成搜索空间的过程中，既可以修剪搜索空间中的多余结点，又可以实现搜索路径与最优对齐之间的一一对应。

简化方法的思路是：在观察日志的同时运行模型，比对日志事件与模型活动，从而得到日志移动、模型移动和同步移动；根据移动类型计算代价值，并记录日志和模型的当前状态；选取代价值最小的状态继续日志的观察和模型的运行，直到日志和模型均到达结束状态为止。

由于对搜索空间的修剪规则不同，以及空间中结点上标注的属性内容不同，从而产生不同的对齐方法。本书给出了基于最优对齐树的快速对齐方法和基于最优对齐图的精简对齐方法。

基于最优对齐树的快速对齐方法生成一棵最优对齐树，其初始结点到终止结点之间的路径就对应着一个最优对齐。分析最优对齐树方法的局限性，并研究该方法的适用模型，从而提高算法的应用效率。

基于最优对齐图的精简对齐方法生成一个最优对齐图，其源结点到终结点之间的路径包含了基于标准似然代价函数的事件日志与业务过程模型之间的所有最优对齐。对基于最优对齐图的精简对齐方法的适用性进行了详细且严格的描述，从理论上证明了该方法的合理性与有效性。通过仿真实验，验证了该对齐方法的性能优于 A＊对齐方法。

(3) 对齐批量迹与过程模型的研究

针对已有方法每次只能实现一条迹与过程模型对齐的问题，基于两 Petri 网的乘积提出一种过程模型与 m 条迹之间的批量对齐方法——AoPm（Alignments of Process Model and m Traces）方法。提出了计算最优对齐的 A＋算法及 A＋＋算法，可分别得到日志中所有迹与过程模型之间的一个最优对齐和所有最优对齐。

该方法的主要算法思想为：以一个给定完备事件日志集和过程模型为例，使用基于区域的过程发现算法，挖掘出事件日志中所有迹对应的日志模型；对日志模型进行适当修复，尽量使其满足“事件日志中的所有迹均能被发现的模型所重演”的要求；对比日志模型与过程模型的变迁所映射的活动，从而生成日志变迁、模型变迁和同步变迁，并进一步得到其乘积系统；计算乘积 Petri 网的可达图，得到变迁系统。该变迁系统中包含了日志中所有迹与过程模型之间的所有最优对齐。

对 AoPm 方法的时间复杂度和空间复杂度进行了理论分析，并与 A＊对齐算法进行比较。当计算 m 条迹与过程模型之间的最优对齐时，AoPm 方法计算乘积、变迁系统的次数和所占用空间都是 A＊对齐算法的 $1/m$。给出并验证了变迁系统中必定能找到日志中任意一条迹与过程模型的一个对齐、一个最优对齐和所有最优对齐的定理，并提出了日志同步网的概念，证明了 A＋算法和 A＋＋算法的有效性。

基于 ProM 平台、人工网上购物模型及生成日志集，对 AoPm 方法进行了仿真实验，并与 A＊对齐算法进行了比较分析。实验结果表明，在处理批量迹与过程模型之间的对齐时，AoPm 方法比传统对齐方法在计算变迁系统的运行时间和占用空间上，分别有指数级和多项式级的降低。并将 AoPm 方法应用于实际复杂问题的过程模型与事件日志，说明了该方法的适应性与健壮性。

1.3.3 研究贡献

根据以上所述本书主要研究内容，总结本书研究工作的具体贡献包括以下几个方面：

（1）提出了相似最优对齐以及最优对齐相似关系的相关定义及性质。基于相似最优对齐的概念，结合工作流网四种基本模式，提出了一种适用于块结构过程模型的相似最优对齐代表项的计算方法。该方法采用分段的思想，大幅度提高了计算最优对齐的效率。提出了基于质数权值的最优对齐分组算法，实现了最优对齐的合理分组。

（2）提出了新的、高效的最优对齐计算方法。基于最优对齐树的快速对齐方法可以快速地计算迹与过程模型之间的最优对齐，但是只适用于书中研究的，甚至更简单的迹和模型。基于最优对齐图的精简对齐方法计算效率和快速对齐方法相同，但是适用于更广泛的迹和模型。

（3）提出了批量迹与过程模型之间的对齐方法，实现了多条迹与过程模型之间的同步对齐。该方法突破了以往每次只对一条迹和过程模型进行对齐的限制，提高了事件日志中迹与过程模型之间的合规性检查效率。

1.4 本书内容安排

本书主要内容安排如下：

第二章主要介绍了本书涉及的基本概念和术语，包括事件日志、迹、Petri网、工作流网、两 Petri 网的乘积、对齐和最优对齐等基本知识和主要性质。

第三章给出了相似最优对齐的定义和性质，研究了最优对齐的相似关系，提出了基于质数权值的最优对齐分组算法。借助相似最优对齐的思想，结合四种基本工作流网模式，提出了计算相似最优对齐代表项的方法。

第四章提出了基于最优对齐树的快速对齐方法。对树中结点及属性进行了定义，并给出了具体生成算法。计算该树的深度和宽度，从而考察该方法的可行性。找到该方法的缺陷及其出现原因，查找并列举该方法适合处理的过程模型与迹的类型。

第五章提出了基于最优对齐图的精简对齐方法。针对模型中存在重复变迁、不可见变迁等特殊情况，研究该方法对异常情况的处理，提高了该方法的健壮性。通过定理证明的形式说明该方法能在有限步内完成，图中结点数有限且规模要小，证明了该方法的有效性及优越性。

第六章提出了一种批量迹与过程模型之间对齐的方法，从理论上分析了该方法的复杂性，并通过仿真实验进行了验证。通过定理证明该方法生成的变迁系统中包含了事件日志中所有迹与过程模型之间的所有最优对齐，说明了该方法的合理性与有效性。

第七章对本书所做研究工作进行总结，并展望进一步需要研究的课题内容。

2 基本知识

本书主要对工作流网模型与迹之间的最优对齐进行分析研究。因此，主要涉及事件日志、建模工具、两 Petri 网的乘积和对齐等方面的基本概念和术语。本章对相关基本知识进行简要介绍。有关概念的详细描述请参考相关引用文献。

2.1 事件日志

过程挖掘的目标是从信息系统记录的事件日志中提取出关于某个操作流程的信息，并利用过程挖掘技术构造过程模型[20]。也就是说，过程挖掘是一种利用记录在数据库、交易日志及审计追踪中的信息来构建过程模型的分析技术。

事件日志中包含了很多额外信息，比如事件的执行者、时间戳、成本以及其他的一些数据属性。本书中，只考虑事件的执行流程。因此，忽略事件日志中的其他信息，只考察事件。而事件日志中，每个事件都属于一个案例，且每个事件都对应一个活动。

事件日志中所记录的数据，除了具有自身的意义外，还可以由多重集和序列等形式进行表达。接下来，首先给出多重集和序列的形式化定义，然后给出事件日志和迹的概念。

2.1.1 多重集和序列

一个多重集是一个允许相同元素出现多次的集合。在多重集中，只关心每个元素的出现次数，而不关心元素的出现次序[20]。

定义 2.1(多重集) S 是一个集合，S 上的多重集 S' 是一个映射 $S':S \to \{0,1,2,3,\cdots\}$。

使用符号 $\varnothing$ 表示空多重集，$\in$ 表示元素的包含关系。$\beta(S)$ 表示集合 S 上的所有多重集的集合。

例如，集合 $S=\{a,b,c,d\}$，S' 是 S 上的多重集，记作 $S'=[a,b^3,c^2]$，也可记作 $S'=[a,b,b,b,c,c]$。该多重集含有 6 个元素。对于每个 $s\in S$，

$S'(s)$表示 s 在多重集 S'中出现的次数。因此，$S'(a)=1$，$S'(b)=3$，$S'(c)=2$，$S'(d)=0$，$S'(x)=0$，其中 $x\notin S$。$|S'|$表示多重集 S'中元素的总个数，例如，$|[a,b^3,c^2]|=6$。

多重集的加运算“$\uplus$”定义为：S'_1、S'_2、S'_3 为集合 S 上的多重集，$S'_3=S'_1\uplus S'_2$，当且仅当$\forall x\in S:S'_3(x)=S'_1(x)+S'_2(x)$。其中，$S'_1(x)$标记元素 x 在多重集 S'_1 中出现的次数。

多重集的交运算“$\cap$”定义为：S'_1、S'_2、S'_3 为集合 S 上的多重集，$S'_3=S'_1\cap S'_2$，当且仅当$\forall x\in S:S'_3(x)=\min\{S'_1(x),S'_2(x)\}$。函数 $\min\{S'_1(x),S'_2(x)\}$的返回值为 $S'_1(x)$、$S'_2(x)$中的较小者。

多重集的差运算“$-$”定义为：S'_1、S'_2、S'_3 为集合 S 上的多重集，$S'_3=S'_1-S'_2$，当且仅当$\forall x\in S:S'_3(x)=\max\{S'_1(x)-S'_2(x),0\}$。函数 $\max\{S'_1(x)-S'_2(x),0\}$的返回值为 $S'_1(x)-S'_2(x)$、0 中的较大者。

序列是表达事件日志中迹的最自然贴切的方式之一。同时，描述 Petri 网和变迁系统的操作性语义时，也可以用序列来描述建模行为。

定义 2.2(序列) 假定 S 为一个集合，定义集合 S 上元素的(有限)序列。$\sigma=<\sigma[1],\sigma[2],\sigma[3],\cdots,\sigma[n]>$是一个序列，表示由元素 $\sigma[1],\sigma[2],\sigma[3],\cdots,\sigma[n]$组成的有限且有序列表，其中 $\sigma[i]\in S(1\leqslant i\leqslant n)$。

S 是一个集合，S^* 表示 S 上所有有限序列的集合。$<>$表示空序列。假定 σ 是 S 上的一个序列，则 $\sigma[i]$表示序列 σ 的第 i 个元素。$\in$ 表示元素的包含关系。$|\sigma|$记录序列 σ 中元素的个数，即 σ 的长度。任意的 $x\in(S\times S)$称作序对。$\pi_i(x)$是序对的投影运算，表示计算序对 x 的第 i 个元素的取值。对于序列来说，$\pi_i(\sigma)=<\pi_i(\sigma[1]),\pi_i(\sigma[2]),\cdots,\pi_i(\sigma[|\sigma|])>$。例如，$\pi_1(<(a,b),(b,c),(b,d)>)=<\pi_1((a,b)),\pi_1((b,c)),\pi_1((b,d))>=<a,b,b>$。对于所有的 $Q\subseteq S$，$\sigma_{\downarrow Q}$ 表示 $\sigma\in S^*$ 在 Q 上的投影，例如，$<a,a,b,c>_{\downarrow\{a,c\}}=<a,a,c>$。

集合 S 上的序列 σ，运算$\partial_{set}(\sigma)$和$\partial_{multiset}(\sigma)$的功能分别为将序列 σ 转换为对应的集合和多重集。例如，若 $\sigma_1=<d,a,a,a,a,d>$，则$\partial_{set}(\sigma_1)=\{a,d\}$，$\partial_{multiset}(\sigma_1)=[a^4,d^2]$。

定义序列连接运算“$\oplus$”，其功能是实现两个序列的连接，生成新的序列。例如，$\sigma_2=<a,b,d>$，$\sigma_3=<c,b>$，则 $\sigma_2\oplus\sigma_3=<a,b,d>\oplus<c,b>=<a,b,d,c,b>$。

定义计算子序列运算“$[:]$”，形如 $\sigma[m:n]$。其功能是求序列 σ 从第 m 个元素到第 n 个元素之间所有的元素依照原来顺序组成的子序列，其中包括元

素 $\sigma[m]$ 和元素 $\sigma[n]$。例如，$\sigma_4=\langle c,a,b,a,c,d\rangle$，$\sigma_4[3:5]=\langle c,a,b,a,c,d\rangle[3:5]=\langle b,a,c\rangle$。

2.1.2 事件日志和迹

当前信息系统中记录了数量众多的事件，并存储在日志中。日志中记录的一个事件，描述了该事件在信息系统中留下的轨迹，称为迹。

定义 2.3(迹) 设 ε 为事件空间。$\sigma\in\varepsilon^*$ 是一个有限事件序列并且每个事件只出现一次，即对于 $1\leqslant i<j\leqslant|\sigma|:\sigma[i]\neq\sigma[j]$，则称 σ 为迹。

定义 2.4(事件日志) 设 ε 为事件空间，序列 $\sigma\in\varepsilon^*$ 是一条迹。若 $\exists L\in\beta(A^*)$ 是迹的一个有限非空多重集，则称 L 为一个事件日志。

为了更好地对事件日志与迹的概念进行理解，给出事件日志的一个简单案例[31]，如表 2-1 所示。

表 2-1 一个简单过程的事件日志

案例 ID	任务 ID	案例 ID	任务 ID	案例 ID	任务 ID	案例 ID	任务 ID
1	a	1	c	5	a	4	b
2	a	2	c	4	c	5	c
3	a	4	a	1	d	5	d
3	b	2	b	3	c	4	d
1	b	2	d	3	d		

如表 2-1 所示，案例 1 对应的序列为 $\langle a,b,c,d\rangle$，记作迹 σ_{21}。除案例 1 外，该简单事件日志中还包括 4 个其他迹，$\sigma_{22}=\langle a,c,b,d\rangle$，$\sigma_{23}=\langle a,b,c,d\rangle$，$\sigma_{24}=\langle a,c,b,d\rangle$，$\sigma_{25}=\langle a,c,d\rangle$。为方便起见，此处省略掉案例 ID、案例属性等信息，迹 σ_{21} 和迹 σ_{23}、迹 σ_{22} 和迹 σ_{24} 分别被认为是相同的。整个事件日志表达为多重集的形式 $L_2=[(\sigma_{21})^2,(\sigma_{22})^2,(\sigma_{25})]$。

2.2 建模工具

在实际应用中，可用于过程建模的形式化语言有很多。其中，Petri 网由于其强大的表达能力而非常适合于模型的描述，以及分析对模型的处理。

自从 1962 年，C.A.Petri 博士提出 Petri 网的概念，Petri 网已经取得了很大的发展[92-97]。Petri 网被广泛应用于工作流[98-99]、Web 服务等各种领域[100-101]。Petri 网作为分布式系统建模和分析的工具，具有严格的数学定义和强大的图形表达能力。Petri 网不仅能够描述过程静态结构，还可以模拟过程运行中的动态行为。对于具有并发、异步等性质的信息系统，可以利用 Petri 网对其进行有效描述和分析。

Petri 网是工作流网的抽象表示形式，能够直观地将流程运行展现出来。Petri 网既能描述系统的结构，又能模拟系统的运行。

2.2.1 Petri 网

Petri 网是一种特殊结构的有向二分图，由两种互不相交的结点组成，分别称之为变迁和库所。从库所到变迁或从变迁到库所的有向连线称作弧，即流关系。Petri 网的状态称作标识。

本书中使用的 Petri 网均为标签 Petri 网[40]。Petri 网中标签的含义在于为每一个变迁分配一个相应的活动名称。变迁和活动之间建立了映射关系，变迁与实际业务中的活动就相互对应起来。

定义 2.5(标签 Petri 网系统) 设 A 是所有活动的集合。集合 A 上的标签 Petri 网系统是一个形如 $N=(P,T;F,\alpha,m_{\mathrm{i}},m_{\mathrm{f}})$ 的元组，其中：

① P 是库所的集合；

② T 是变迁的集合，且 $P\cup T\neq\varnothing$，$P\cap T=\varnothing$；

③ $F\subseteq(P\times T)\cup(T\times P)$ 是 P 和 T 之间的有向弧集合，称作流关系；

④ $\alpha:T\rightarrow A^{\tau}$ 是一个变迁到标签的映射函数，其中 τ 标记不可见变迁，$A^{\tau}=A\cup\{\tau\}$ 表示活动集合 A 与 $\{\tau\}$ 的并集；

⑤ $m_{\mathrm{i}},m_{\mathrm{f}}$ 分别是 N 的初始标识和结束标识，其中标识 $m_{\mathrm{i}}\in\beta(P)$ 且 $m_{\mathrm{f}}\in\beta(P)$。

注意：在很多 Petri 网相关的文献中，标识 M 是从 P 到大于等于 0 的整数集合的一个映射函数，即 $M:P\rightarrow\{0,1,2,3,\cdots\}$。而在本书中，标识 M 采用库所集 P 上的多重集或者集合进行表示，因此标识 $M\in\beta(P)$。

为便于叙述，在不产生混淆的情况下，下文中提到的 Petri 网均指标签 Petri 网。标签 Petri 网最大的特点是每个变迁不仅有唯一的变迁名，而且对应着一个映射的活动名，称之为标签。

图 2-1 给出一个简单的标签 Petri 网模型 $N_{\mathrm{p}}=(P_{\mathrm{p}},T_{\mathrm{p}};F_{\mathrm{p}},\alpha_{\mathrm{p}},m_{i,p},m_{f,p})$[31]。该模型中，库所集 $P_{\mathrm{p}}=\{p_1,p_2,p_3,p_4,p_5,p_6,p_7,p_8\}$，变迁集 $T_{\mathrm{p}}=\{t_1,t_2,t_3,t_4,t_5,t_6,t_7\}$，流关系集 $F_{\mathrm{p}}=\{(p_1,t_1),(t_1,p_2),(p_2,t_2),(p_2,t_5),(t_2,p_3),(t_2,p_4),(p_3,t_3),(p_4,t_4),(t_3,p_5),(t_4,p_6),(p_5,t_6),(p_6,t_6),(t_6,p_7),(t_5,p_7),(p_7,t_7),(t_7,p_8)\}$。活动映射函数关系如下：$\alpha_{\mathrm{p}}(t_1)=a$，$\alpha_{\mathrm{p}}(t_2)=\tau$，$\alpha_{\mathrm{p}}(t_3)=b$，$\alpha_{\mathrm{p}}(t_4)=c$，$\alpha_{\mathrm{p}}(t_5)=b$，$\alpha_{\mathrm{p}}(t_6)=\tau$，$\alpha_{\mathrm{p}}(t_7)=d$。其中，变

迁 t_2 和 t_6 是不可见变迁，即不对应任何活动的变迁，无活动用符号“τ”表示。在图 2-1 中，不可见变迁由黑色正方形表示。变迁 t_3 和 t_5 具有相同的活动名，称之为重复变迁。

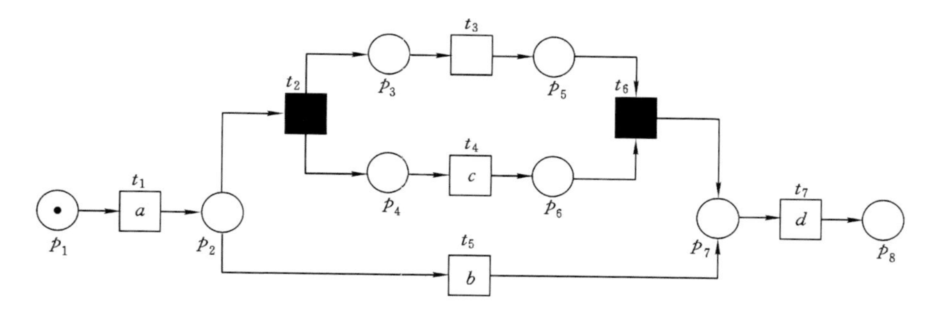

图 2-1　一个简单的 Petri 网模型 N_p

库所 p_1 中的黑点代表托肯，托肯在库所中的分布表示了 Petri 网的标识。如图 2-1 所示，模型 N_p 所在的状态即为初始标识 $m_{i,p}=\{p_1\}$，而结束标识 $m_{f,p}=\{p_8\}$。

定义 2.6(前集、后集)　设 $N=(P,T;F,\alpha,m_i,m_f)$ 为一个 Petri 网。对于 $\forall x\in P\cup T$，记：

$$^{\cdot}x=\{y\mid y\in P\cup T\wedge(y,x)\in F\}$$

$$x^{\cdot}=\{y\mid y\in P\cup T\wedge(x,y)\in F\}$$

称 $^{\cdot}x$ 为 x 的前集或者输入集，$x^{\cdot}$ 为 x 的后集或者输出集。

图 2-1 所示 Petri 网系统 N_p 各元素的前集与后集如表 2-2 所示。

表 2-2　模型 N_p 中库所和变迁的前后集

库所	前集	后集	变迁	前集	后集
p_1	$\varnothing$	$\{t_1\}$	t_1	$\{p_1\}$	$\{p_2\}$
p_2	$\{t_1\}$	$\{t_2,t_5\}$	t_2	$\{p_2\}$	$\{p_3,p_4\}$
p_3	$\{t_2\}$	$\{t_3\}$	t_3	$\{p_3\}$	$\{p_5\}$
p_4	$\{t_2\}$	$\{t_4\}$	t_4	$\{p_4\}$	$\{p_6\}$
p_5	$\{t_3\}$	$\{t_6\}$	t_5	$\{p_2\}$	$\{p_7\}$
p_6	$\{t_4\}$	$\{t_6\}$	t_6	$\{p_5,p_6\}$	$\{p_7\}$
p_7	$\{t_5,t_6\}$	$\{t_7\}$	t_7	$\{p_7\}$	$\{p_8\}$
p_8	$\{t_7\}$	$\varnothing$			

若 Petri 网中某个变迁的所有前集中均有托肯，且托肯数大于所需，则该变迁可以引发，且引发后该变迁前集内的托肯流入其后集。多数文献中，采用可达标识来记录 Petri 网的当前状态，描述 Petri 网中变迁的发生规则。而本书中，采用库所集合上的多重集来对变迁的发生规则进行描述。任意可达状态 $M \in \beta(P)$。Petri 网 $N=(P,T;F,\alpha,m_i,m_f)$ 中的变迁具有以下发生规则：

(1) 对于变迁 $t \in T$，若 $^{\cdot}t \in M$，则称变迁 t 在标识 M 下使能，记作$M[t>$。

(2) 若为 $M[t>$，则在标识 M 下，变迁能够发生。从标识引发变迁 t 得到一个新的标识 M'，记作$M[t>M'$，且有 $M'=M \uplus t^{\cdot} - {}^{\cdot}t$。

利用 Petri 网对信息系统建立过程模型，根据模型可以准确并有效地分析实际系统的性质及功能等运行情况。利用基于 Petri 网的过程模型分析系统的结构特点和运行状态，需要借助于 Petri 网系统的各种性质。Petri 网系统的基本性质主要分为结构性质和动态性质。其中，结构性质由网系统的结构所决定，动态性质是网系统运行过程中体现出的性质，又称为行为性质。动态性质主要包括可达性、安全性、活性等。其中，可达性是 Petri 网系统最基本的动态性质，其他性质皆是在可达性的基础上进行定义的。

定义 2.7(可达性)　设 $N=(P,T;F,\alpha,m_i,m_f)$是一个 Petri 网系统。若$\exists t \in T$，使得 $M[t>M'$，则称 M'从 M 直接可达。若存在变迁引发序列 t_1、t_2、t_3、…、t_k和标识序列 M_1、M_2、M_3、…、M_k，使得 $M[t_1>M_1[t_2>M_2[t_3>\cdots M_{k-1}[t_k>M_k$，则称 M_k从 M 可达。从标识 M 可达的一切标识的集合记作 $R(M)$，约定 $M \in R(M)$。

图 2-1 所示 Petri 网系统 N_p 从初始状态 m_i 的可达标识集合 $R(m_i)=\{\{p_1\},\{p_2\},\{p_3,p_4\},\{p_3,p_6\},\{p_4,p_5\},\{p_5,p_6\},\{p_7\},\{p_8\}\}$，共 8 个可达标识。

定义 2.8(有界性和安全性)　设 $N=(P,T;F,\alpha,m_i,m_f)$是一个 Petri 网系统，$p \in P$。若$\exists n \in \{1,2,3,\cdots\}$，使得$\forall M \in R(m_i):M(p) \leqslant n$，则称库所 p 是有界的，并把满足此条件的最小正整数 n 值称为库所 p 的界，记为 $B(p)$，即 $B(p)=\min\{n \mid \forall M \in R(m_i):M(p) \leqslant n\}$。若 $B(p)=1$，则称库所 p 是安全的。

显然，安全性隐含了有界性。图 2-1 所示 Petri 网系统 N_p 是安全的，因为 8 个可达状态中每个库所里的托肯数要么是 0，要么是 1。

定义 2.9(死变迁、活性)　设 $N=(P,T;F,\alpha,m_i,m_f)$是一个 Petri 网系

统。变迁 $t\in T$ 是死的，当且仅当 $\exists M\in R(m_i):M[t>$。网系统 N 是活的，当且仅当 $\forall M\in R(m_i),t\in T:(\exists M'\in R(M):M'[t>)$。

图 2-1 所示 Petri 网系统 N_p 中没有一个变迁是死变迁，但该网却不是活的，因为其无法使每个变迁持续不断地发生。

2.2.2 工作流网

工作流网[102-105]是一种具有特殊结构的 Petri 网，因其有唯一的开始库所和结束库所分别表示过程的开始和结束，因此非常适合表示业务过程。工作流网的概念由著名工作流技术专家 van der Aalst 提出，是一种可以建模过程、控制流维度的 Petri 网，简称为 WF-net[106-109]。

定义 2.10(工作流网) Petri 网 $N=(P,T;F,\alpha,m_i,m_f)$称为工作流网，当且仅当：

(1) $\{p\in P\mid {}^{\cdot}p=\varnothing\}=\{p_i\}$；

(2) $\{p\in P\mid p^{\cdot}=\varnothing\}=\{p_f\}$；

(3) $m_i=\{p_i\},m_f=\{p_f\}$；

(4) 对于$\forall x\in P\cup T$，x 位于从 p_i 到 p_f 的一条路径上。

根据定义 2.10 可知，工作流网是一类特殊的 Petri 网。工作流网中有且仅有一个库所的前集为空，即该库所没有输入弧，称之为初始库所；有且仅有一个库所的后集为空，即该库所没有输出弧，称之为结束库所。

图 2-1 所示 Petri 网系统 N_p 符合工作流网的定义，其中初始库所 p_i 为 p_1，结束库所 p_f 为 p_8，则 $m_i=\{p_1\}$、$m_f=\{p_8\}$。其中任意变迁或者库所均在 p_1 到 p_8 的一条路径上。

另外，本书中考察研究的过程模型均是合理的工作流网，定义 2.11 对工作流网的合理性进行了说明[110-113]。

定义 2.11(合理性) 工作流网 $N=(P,T;F,\alpha,m_i,m_f)$是合理的，当且仅当：

(1) 安全性：$(\forall m\in R(m_i))\wedge(p\in P):m(p)\leqslant 1$；

(2) 恰当完成：$\forall m\in R(m_i):m_f(p)\leqslant m(p)\Rightarrow m=m_f$；

(3) 可完成：$(\forall m\in R(m_i))\wedge(m\neq m_f):m_f\in R(m)$；

(4) 无死变迁：$\exists t\in T:(\exists m\in R(m_i):m[t>)$。

其中，“安全性”说明工作流网不管处于何种运行状态，每个库所中的托肯数只能为 0 或者 1。“恰当完成”说明如果结束库所中有托肯，那么其他库所中的托肯数均为 0。即工作流网运行到结束状态时，除了结束库所，其他库所中不会遗留多余的托肯。“可完成”说明工作流网从初始状态到达的任何状态都能经过引发一系列的变迁到达终止状态。“无死变迁”说明工作流网中的任何变迁都能引发,不存在永远都不会引发的变迁。

分析可得,图 2-1 所示 Petri 网系统 N_p 是安全的,可以完成且恰当完成,无死变迁,符合工作流网合理性的定义。

2.3 两 Petri 网的乘积

本书对 Adriansyah 等[40]提出的对齐方法进行了深入的研究,并对该对齐算法进行扩展,提出新的高效对齐算法。为了方便理解下文中的描述,此处给出事件网、两 Petri 网的乘积等概念。

为了较好地描述迹中活动的观察顺序,将迹用 Petri 网来描述,称作事件网。该网所建立的模型称作日志模型。

定义 2.12(事件网) 设 A 是一个活动名称集合,$\sigma \in A^*$ 是一条长度为 n 的迹。σ 的事件网是一个 Petri 网 $N=(P,T;F,\alpha,m_i,m_f)$,满足:

(1) $P=\{p_j \mid 1 \leqslant j \leqslant n+1\}$。

(2) $T=\{t_j \mid 1 \leqslant j \leqslant n\}$。

(3) $F:(P \times T) \cup (T \times P) \to N^{0+}$,其中:

① 对于所有的 $1 \leqslant j \leqslant n$、$p_j \in P$、$t_j \in T$,$F(p_j,t_j)=1$;

② 对于所有的 $1 \leqslant j \leqslant n$、$p_j \in P$、$t_j \in T$,$F(t_j,p_{j+1})=1$;

③ 其他情况时,$F(x,y)=0$。

(4) $\alpha:T \to A^{\tau}$ 是一个映射函数,对于所有的 $1 \leqslant j \leqslant n$,$\alpha(t_j)=\sigma[j]$。

(5) $m_i=\{p_1\}$是初始标识。

(6) $m_f=\{p_{|p|}\}$是结束标识。

本书中,N^{0+} 指 0 以及正整数组成的集合。迹中活动之间是顺序关系,当迹中活动映射成 Petri 网中的变迁时,变迁之间也是顺序关系。因此,事件网是一个顺序结构的 Petri 网,同时也是一个工作流网。

设活动名称集合 $A=\{a,b,c,d\}$,给定迹 $\sigma'=\langle a,d\rangle$。该迹对应的事件网 $N_\sigma=(P_\sigma,T_\sigma;F_\sigma,\alpha_\sigma,m_{i,\sigma},m_{f,\sigma})$。迹 σ'的长度为 2,因此 $n=2$。该模型中库所集 $P_\sigma=\{p_1,p_2,p_3\}$,变迁集 $T_\sigma=\{t_1,t_2\}$,流关系集 $F_\sigma=\{(p_1,t_1),(t_1,p_2),(p_2,t_2),(t_2,p_3)\}$。活动映射函数如下:$\alpha_\sigma(t_1)=a$,$\alpha_\sigma(t_2)=d$。初始标识 $m_{i,\sigma}=\{p_1\}$,结束标识 $m_{f,\sigma}=\{p_3\}$。事件网即日志模型如图 2-2所示。

定义 2.13(两 Petri 网的乘积) 设 A 是一个活动名称集合。$N_1=(P_1,$

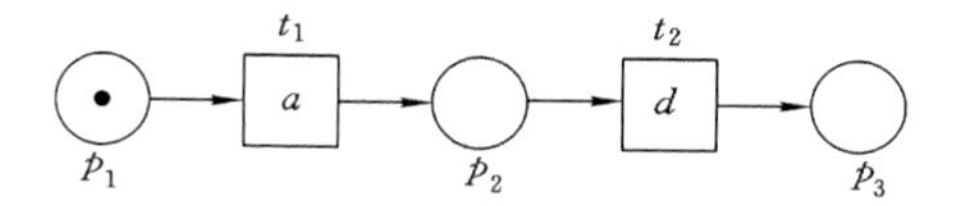

图 2-2 迹 σ' 的事件网 N_σ

T_1; $F_1, \alpha_1, m_{i,1}, m_{f,1}$)和 $N_2=(P_2, T_2; F_2, \alpha_2, m_{i,2}, m_{f,2})$ 是 A 上的两个 Petri 网。N_1 和 N_2 的乘积记作 Petri 网 $N_3=N_1 \otimes N_2=(P_3, T_3; F_3, \alpha_3, m_{i,3}, m_{f,3})$,其中:

(1) $P_3=P_1 \cup P_2$。

(2) $T_3 \subseteq (T_{1>>} \times T_{2>>})$,即 $T_3=\{(t_1,>>) \mid t_1 \in T_1\} \cup \{(>>,t_2) \mid t_2 \in T_2\} \cup \{(t_1,t_2) \in T_1 \times T_2 \mid \alpha(t_1)=\alpha(t_2) \neq \tau\}$。

(3) $F_3:(P_3 \times T_3) \cup (T_3 \times P_3) \rightarrow N^{0+}$,其中:

① $F_3(p_1,(t_1,>>))=F_1(p_1,t_1)$,若 $p_1 \in P_1$ 且 $t_1 \in T_1$;

② $F_3((t_1,>>),p_1)=F_1(t_1,p_1)$,若 $p_1 \in P_1$ 且 $t_1 \in T_1$;

③ $F_3(p_2,(t_2,>>))=F_2(p_2,t_2)$,若 $p_2 \in P_2$ 且 $t_2 \in T_2$;

④ $F_3((t_2,>>),p_2)=F_2(t_2,p_2)$,若 $p_2 \in P_2$ 且 $t_2 \in T_2$;

⑤ $F_3(p_1,(t_1,t_2))=F_1(p_1,t_1)$,若 $p_1 \in P_1$ 且 $(t_1,t_2) \in T_3 \cap (T_1 \times T_2)$;

⑥ $F_3(p_2,(t_1,t_2))=F_2(p_2,t_2)$,若 $p_2 \in P_2$ 且 $(t_1,t_2) \in T_3 \cap (T_1 \times T_2)$;

⑦ $F_3((t_1,t_2),p_1)=F_1(t_1,p_1)$,若 $p_1 \in P_1$ 且 $(t_1,t_2) \in T_3 \cap (T_1 \times T_2)$;

⑧ $F_3((t_1,t_2),p_2)=F_2(t_2,p_2)$,若 $p_2 \in P_2$ 且 $(t_1,t_2) \in T_3 \cap (T_1 \times T_2)$;

⑨ $F_3(x,y)=0$,其他情况。

(4) $\alpha_4:T_3 \rightarrow A^\tau$ 是一个映射函数,对于所有的$(t_1,t_2) \in T_3$,若 $t_2=>>$,则 $\alpha_3((t_1,t_2))=\alpha_1(t_1)$;若 $t_1=>>$,则 $\alpha_3((t_1,t_2))=\alpha_2(t_2)$;否则,$\alpha_3((t_1,t_2))=\alpha_1(t_1)$。

(5) $m_{i,3}=m_{i,1}\Gamma_{L1,N2}m_{i,2}$。

(6) $m_{f,3}=m_{f,1}\Gamma_{L1,N2}m_{f,2}$。

根据两 Petri 网的乘积的定义可知,乘积网中保留了原网中所有的库所、变迁和弧的关系,且库所名和变迁上映射的标签保持不变,变迁名变成一个序偶。第一个网中变迁的名字，序偶中的第一个元素为原网中的变迁名，第二个元素为“＞＞”；同理，第二个网中变迁的名字，序偶的第一个元素为“＞＞”，第二个元素为原网中的变迁名。若两个 Petri 网中具有相同标签的变迁（不可见变迁除外），则相应地生成一个新的变迁，该变迁继承两个 Petri 网中变迁上的标签以及它们的弧关系。

接下来，以图 2-2 所示的事件网 N_σ 和图 2-1 所示的 Petri 网 N_p 为例，计算二者之间的乘积。将 N_σ 视作 N_1、N_p 视作 N_2，计算两 Petri 网的乘积 $N_{\sigma*\mathrm{p}}$，如图 2-3 所示。在计算乘积网时，为了更显著地区分网 N_σ 和网 N_p 中的库所名及变迁名，网 N_σ 中的名称后添加符号“′”，如 N_σ 中的库所 p_1 变为 $p_1{}'$。

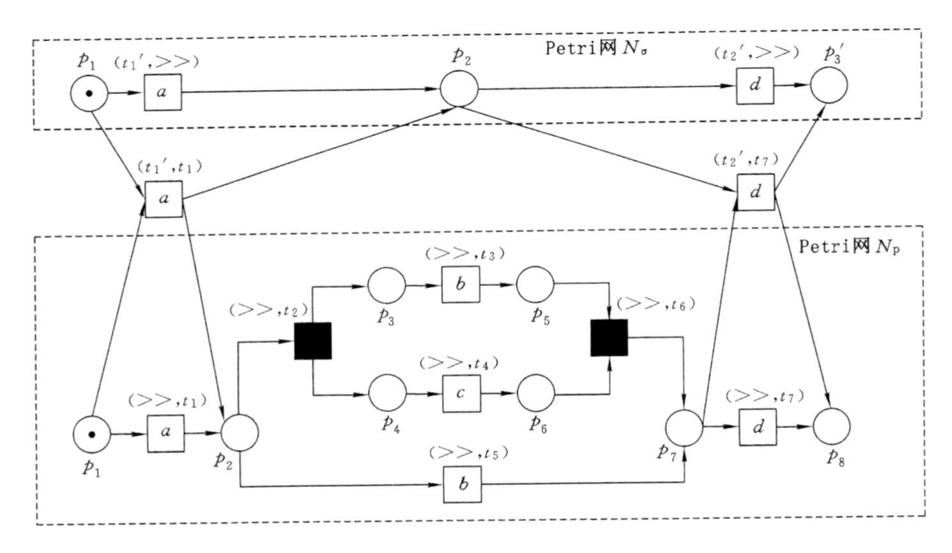

图 2-3　网 N_σ 和网 N_p 的乘积 $N_{\sigma*\mathrm{p}}$

2.4　对齐和最优对齐

迹在 Petri 网模型上重演时，可能会出现偏差，对齐能够标记偏差。给定对偏差的一个度量标准，得到最优对齐。

定义 2.14（对齐）　设 A 是一个活动名称集合，$\sigma \in A^*$ 是一条迹且 $N=(P,T;F,\alpha,m_\mathrm{i},m_\mathrm{f})$ 是一个 Petri 网。σ 与 N 之间的对齐 $\gamma \in (A^{>>} \times$

$T^{>>})^*$ 是满足以下条件的移动序列：

(1) $\pi_1(\gamma)_{\downarrow A}=\sigma$，即迹中的移动序列（忽略>>）产生迹；

(2) $m_i \xrightarrow{\pi_2(\gamma)_{\downarrow T}} m_f$，即模型中的移动序列（忽略>>）产生一个完整引发序列。

其中：>>表示无移动，$A^{>>}=A\cup\{>>\}$，$\pi_1(\gamma)_{\downarrow A}$表示元组序列 γ 第1项在 A 上的投影。

对于对齐中所有元组 $(a,t)\in\gamma$，对 (a,t) 的定义如下：

(1) 若 $a\in A$ 且 $t=>>$，则为日志移动；

(2) 若 $a=>>$ 且 $t\in T$，则为模型移动；

(3) 若 $a\in A$ 且 $t\in T$ 或者 $a=>>$ 且 $t=\tau$，则为同步移动；

(4) 否则为非法移动。

$\Gamma_{\sigma,N}$ 记作迹 σ 与 Petri 网模型 N 之间所有对齐的集合。

迹与过程模型之间的对齐是移动序列，移动将迹中的活动与模型中的行为关联起来。同步移动指在迹中观察到的活动与模型中发生的行为相对应；日志移动指迹中活动不被模型允许；模型移动指根据模型应该发生的行为在迹中丢失了。其中日志移动和模型移动标记了对齐中的偏差。

给定迹和 Petri 网模型，可能会存在多个不同的对齐。为了得到最符合要求的对齐，需要对每一种移动赋予一个代价函数值 $c((a,t))$。在给定代价函数指导下，得到的代价值最小的对齐称为最优对齐。

定义 2.15（最优对齐） 设 A 是一个活动标签集合，$\sigma\in A^*$ 是 A 上一条迹且 $N=(P,T;F,\alpha,m_i,m_f)$ 是 A 上的一个 Petri 网。$c:A^{>>}\times T^{>>}\rightarrow R^{0+}$ 是移动的似然代价函数，称 $\gamma\in\Gamma_{\sigma,N,c}$ 为迹 σ 与模型 N 之间基于代价函数 $c()$ 的最优对齐，当且仅当对于任意的 $\gamma'\in\Gamma_{\sigma,N,c}$，使得 $\sum_{(a,t)\in\gamma}c(a,t)\leqslant\sum_{(a',t')\in\gamma'}c(a',t')$ 成立。

其中，R^{0+} 指包含0和正实数的集合。似然代价函数 $c()$ 的取值直接决定了迹 σ 与模型 N 的最优对齐集合。本书使用标准似然代价函数 $lc()$ 为移动分配代价值，即同步移动、日志移动和模型移动的代价值分别为0、1和1。详细定义见定义2.16。

定义 2.16（标准似然代价函数） 设 A 是一个活动标签的集合，$N=(P,T;F,\alpha,m_i,m_f)$ 是 A 上的一个 Petri 网。标准似然代价函数 $lc:A^{>>}\times T^{>>}\rightarrow R^{0+}$ 将所有的移动映射到非负实数集上，对于任意的 $(x,y)\in A^{>>}\times T^{>>}$：

(1) $lc((x,y))=0$，若 $x\in A$，$y\in T$ 且 $x=\alpha(y)$，或者 $x=>>$，$y\in T$ 且

$\alpha(y)=\tau$；

(2) $lc((x,y))=+\infty$，若 $x\in A$，$y\in T$ 且 $x\neq\alpha(y)$，或者 $x=y=\gg$；

(3) $lc((x,y))=1$，其他情况。

$\Gamma^{o}_{\sigma,N,lc}$ 记作迹 σ 与模型 N 之间基于标准似然代价函数 $lc()$ 的所有最优对齐的集合。

另外，Adriansyah 等提出的对齐方法是目前最为经典的对齐方法，有关对齐方法的研究均是在该研究的基础上展开的。本书将该方法作为重点参照对象，将所提对齐方法与之比较。但是，遗憾的是该算法在众多文献中并没有统一称谓。值得一提的是，因为该算法的查找过程采用经典启发式搜索算法——A＊算法，故有些文献将其称作 A＊算法。而本书中提及该算法时，将其称作 A＊对齐算法。此称谓既能体现该方法采用的关键技术，又能说明该方法的功能。

2.5 本章小结

本章主要介绍了事件日志、标签 Petri 网系统、工作流网、两 Petri 网的乘积及最优对齐等方面的基本知识和概念。对相关概念的了解有助于对接下来工作的理解。

首先，事件日志中包含多种类型的信息，但本书只从控制流的角度进行分析。因此，本书中考察的迹是一条由活动名组成的序列。

其次，本书考察事件日志与过程模型之间的拟合情况，比对事件日志中的事件与过程模型中的活动。模型中的变迁和活动之间存在着一定的映射关系。本书中的过程模型采用的建模工具是工作流网。所用工作流网是标签 Petri 网的一个子集，其表达形式和标签 Petri 网一致。网中每个变迁均映射着一个活动，否则称之为不可见变迁。因此，本书所有模型中，每个变迁除了有变迁名，还有映射的活动名(不可见变迁除外)。

然后，本章重点介绍了两 Petri 网乘积的概念，该乘积是基于标签 Petri 网进行定义的。通过两 Petri 网中变迁上映射的活动名的异同，生成不同类型的新变迁，从而建立两 Petri 网的乘积。该乘积的可达状态图可以体现两 Petri 网运行时活动的比对情况。

最后，本章介绍了迹与过程模型之间对齐的概念。当考核对齐标准的代价函数确定时，可以得到基于该代价函数的迹与过程模型之间的最优对齐。本书考察的最优对齐均以标准似然代价函数为衡量标准，即对齐中日志移动和模型移动的代价值均为1、同步移动的代价值为0。总代价值最小的对齐被认为是最优对齐。另外，本章提出将Adriansyah等提出的对齐方法称作A*对齐算法。

3 基于工作流网基本结构的相似最优对齐计算方法

本章在对给定迹与过程模型之间基于标准似然代价函数的所有最优对齐结果进行研究分析的基础上，得到最优对齐之间相似性的定义及一系列性质、推论。并对最优对齐之间的相似关系进行了考察，将其作为最优对齐集合划分的一个依据。根据最优对齐集合划分的思想，可以在每组相似最优对齐中选择代表项来简化集合。最后，根据相似最优对齐的性质，结合四种基本工作流网模式的结构特点，提出一种适合分段模型的最优对齐代表项计算方法。

对迹与模型之间的最优对齐进行分析，发现一些对齐的移动集合完全相同，只是移动在最优对齐中出现的顺序不同。满足该条件的最优对齐，具有相同的偏差，可以划分到同一组中。同组最优对齐出现的相同偏差对应工作流网模型(无重复变迁和不可见变迁)上的同一变迁或迹中的同一活动，可以随机选择其中一个作为代表项用于模型与日志的合规性检查。

Adriansyah 等提出的对齐方法根据实例对最优对齐之间的相似性进行了简单描述，但是未给出定义也未进行分析研究。本书同样以实例引出相似最优对齐的概念，给出形式化定义，并深入研究得到一系列的定理，同时将之应用到最优对齐的计算中，提高合规性检查的效率。

本章主要内容安排如下：

3.1 节对网上购物工作流网模型与给定迹之间的最优对齐进行分析，得到相似最优对齐的概念，并给出相似最优对齐的形式化定义及相关定理、推论。

3.2 节给出最优对齐相似关系的定义，实现最优对齐的划分，并确定相似最优对齐的代表项。

3.3 节提出一种基于质数权值的算法，该算法的主要思想是：为每个日志移动和模型移动分配不同的质数作为权值，同步移动的权值为 1；根据每个最优对齐中移动权值的乘积，可以实现相似最优对齐的分组，即具有相同乘积结果的最优对齐一定是相似最优对齐，否则就不是相似最优对齐。

3.4 节利用相似最优对齐的性质,对工作流网四种基本结构进行分析;考察每种结构在遇到何种类型的迹时会产生相似最优对齐,并计算各组相似最优对齐的代表项;对块结构的工作流网进行分段,依次计算每段子网与子迹的代表项,合并后可以得到原网与原迹之间的最优对齐代表项,从而得到一种最优对齐代表项的计算方法——MPA(Multi-phase Alignment)算法。

3.5 节进行实例分析与实验仿真,并与 Adriansyah 等人提出的对齐方法进行比较,实验结果显示 MPA 算法时间及空间性能要优于 A * 对齐算法。

3.6 节对本章所做工作进行总结,并对相似最优对齐及其代表项在过程挖掘领域的进一步应用进行展望。

3.1 相似最优对齐的分析

3.1.1 最优对齐的分析

给出最优对齐分组实例,通过对实例的分析得到相应结论。

例 3.1 根据目前较为流行的网上购物流程,建立工作流网模型 N_e 如图 3-1所示。其主要活动过程描述如下:首先,用户登录(login)网上购物电子平台,之后浏览商店里的商品,选择欲购买的物品(select items);进入购物车(go cart)进一步进行物品的选择,可以对以往选中商品及本次选中商品进行重新选择(select items),此过程可反复执行;选择结束后,生成订单(make order),确认购买物品列表(confirm list),同时确认收货地址(confirm address);然后提交订单(submit order),此时若放弃购买,可取消订单(cancel order);确认购买,付款时可选择在线支付(pay online),也可选择货到付款(cash on delivery);执行完这些操作后,可对购物流程及结果产生的信息进行查看(check information);交易结束。

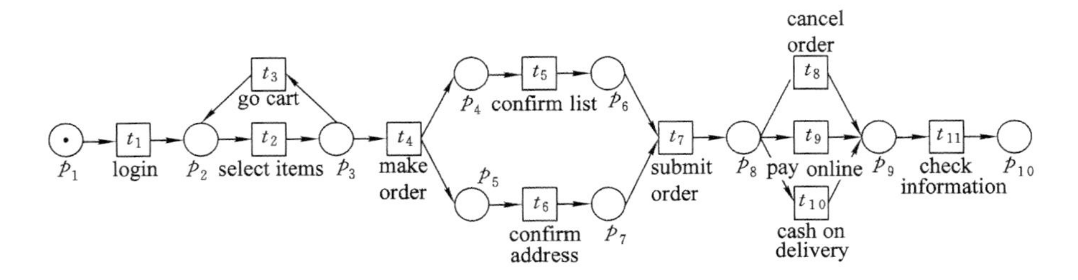

图 3-1 网上购物流程的工作流网模型 N_e

过程运行实例在事件日志中记录为迹。给定迹与工作流网模型，若迹的每个活动都能由模型的变迁引发进行模仿并到达终止状态，则认为迹与模型完全拟合。反之，若迹中不是所有活动都能被模型中的引发变迁模仿或最终无法到达终止状态，则认为迹与模型不完全拟合。给定迹 σ_e＝＜login，select items，go cart，make order，confirm list，submit order，pay online，check information＞是一条和模型 N_e 存在偏差的迹，且迹 σ_e 与模型 N_e 之间有多个最优对齐，如图 3-2 所示。在图 3-2 中，最优对齐上面一行表示迹 σ_e，下面一行表示模型 N_e 的一个完整变迁引发序列。在最优对齐中，发生偏差的位置都表示无移动，用符号“＞＞”标记。

γ_1=	login	select items	go cart	>>	make order	confirm list	>>	submit order	pay online	check information
	login	select items	go cart	select items	make order	confirm list	confirm address	submit order	pay online	check information
	t_1	t_2	t_3	t_2	t_4	t_5	t_6	t_7	t_9	t_{11}

γ_2=	login	select items	go cart	>>	make order	>>	confirm list	submit order	pay online	check information
	login	select items	go cart	select items	make order	confirm address	confirm list	submit order	pay online	check information
	t_1	t_2	t_3	t_2	t_4	t_6	t_5	t_7	t_9	t_{11}

γ_3=	login	select items	go cart	make order	>>	confirm list	submit order	pay online	check information
	login	select items	>>	make order	confirm address	confirm list	submit order	pay online	check information
	t_1	t_2		t_4	t_6	t_5	t_7	t_9	t_{11}

γ_4=	login	select items	go cart	make order	confirm list	>>	submit order	pay online	check information
	login	select items	>>	make order	confirm list	confirm address	submit order	pay online	check information
	t_1	t_2		t_4	t_5	t_6	t_7	t_9	t_{11}

图 3-2　迹 σ_e 与模型 N_e 的所有最优对齐

分析该例中最优对齐，发现一些最优对齐之间具有下述性质，所包含移动完全相同，只是移动在序列中的顺序不同。例如，将 γ_1 第 6 列上的移动（confirm list，t_5）与第 7 列上的移动（＞＞，t_6）交换位置便可得到 γ_2。同样 γ_3 交换第 5 列与第 6 列的内容可以得到 γ_4。即 γ_1 与 γ_2，γ_3 与 γ_4 分别包含的移动数量和内容完全相同，只是各个移动在最优对齐序列中出现的位置有所差异。

对于具有此类性质的最优对齐，本书给其一个定义，称为相似最优对齐。相似最优对齐具有上述相似性，表明它们发生偏差的类型及位置完全相同。因此，事件日志与过程模型进行合规性检查时，可以将相似最优对齐进行分组，只需从每组中任意选择一个代表项进行研究即可，如此能够更好地对偏差进行诊断。

接下来，给出相似最优对齐定义，并探讨相似最优对齐的性质。

3.1.2 相似最优对齐的定义及性质

最优对齐是移动序列，因此序列可执行的操作均适用于最优对齐。给定迹 σ、过程模型 N 与标准似然代价函数 $lc()$，最优对齐集合为 $\Gamma^{o}_{\sigma,N,lc}$。

根据对例 3.1 的分析，若两个最优对齐包含的移动集合相同，则它们是相似最优对齐。

定义 3.1(相似最优对齐) 设 $\gamma_1 \in \Gamma^{o}_{\sigma,N,lc}$ 且 $\gamma_2 \in \Gamma^{o}_{\sigma,N,lc}$，对于任意的移动 m，若 $m \in \gamma_1$，则 $m \in \gamma_2$；同样，若 $m \in \gamma_2$，则 $m \in \gamma_1$，则称 γ_1、γ_2 为相似最优对齐，或者称 γ_1 与 γ_2 是相似的，记作 $\mathrm{sim}(\gamma_1, \gamma_2)$。

$\mathrm{sim}(\gamma_1, \gamma_2)$是一个二元函数，其返回值为逻辑型常量。当 γ_1、γ_2 为相似最优对齐时，$\mathrm{sim}(\gamma_1, \gamma_2)$的返回值为 True；否则 $\mathrm{sim}(\gamma_1, \gamma_2)$的返回值为 False。

例 3.1 中，迹 σ_e 与网 N_e 之间所有最优对齐中 γ_1 与 γ_2，γ_3 与 γ_4 分别为相似最优对齐。

定义 3.2(最优对齐移动集合) 若 $\gamma \in \Gamma^{o}_{\sigma,N,lc}$，则最优对齐 γ 的移动集合为记录最优对齐 γ 中所有移动的集合，记作 $S(\gamma) = \partial_{\mathrm{set}}(\gamma)$。

定理 3.1 设 $\gamma_1 \in \Gamma^{o}_{\sigma,N,lc}$ 且 $\gamma_2 \in \Gamma^{o}_{\sigma,N,lc}$，集合 $S(\gamma_1) = \partial_{\mathrm{set}}(\gamma_1)$，$S(\gamma_2) = \partial_{\mathrm{set}}(\gamma_2)$，则 $S(\gamma_1) = S(\gamma_2) \Leftrightarrow \mathrm{sim}(\gamma_1, \gamma_2)$。

证明：充分性。$\forall m \in \gamma_1$，因为$S(\gamma_1) = \partial_{\mathrm{set}}(\gamma_1)$，所以 $m \in S(\gamma_1)$。因为 $S(\gamma_1) = S(\gamma_2)$，所以 $m \in S(\gamma_2)$，得 $m \in \gamma_2$。同理，$\forall m \in \gamma_2$，可证 $m \in \gamma_1$。因此，$\mathrm{sim}(\gamma_1, \gamma_2)$成立。

必要性。$\forall m \in S(\gamma_1)$，则 $m \in \gamma_1$。因为 $\mathrm{sim}(\gamma_1, \gamma_2)$，所以 $m \in \gamma_2$，$m \in S(\gamma_2)$。即 $S(\gamma_1) \subseteq S(\gamma_2)$。同理，可证 $S(\gamma_2) \subseteq S(\gamma_1)$。因此，$S(\gamma_1) = S(\gamma_2)$成立。

设 γ_1、γ_2 是迹 σ 与网 N 之间两个最优对齐，$S(\gamma_1)$为 γ_1 中移动组成的集合，$S(\gamma_2)$为 γ_2 中移动组成的集合，若 $S(\gamma_1)$和 $S(\gamma_2)$相等，则 γ_1、γ_2 是相似最优对齐；反之亦然。即如果两个最优对齐相似，那么它们的移动集合相等；如果两个最优对齐对应的移动集合相等，那么它们相似。

定义 3.3(最优对齐移动次数) 若 $\gamma \in \Gamma^{o}_{\sigma,N,lc}$，则最优对齐 γ 中移动 m 的次数为 m 在 γ 中出现的总次数，记作 $\mathrm{num}(m, \gamma)$。

$\mathrm{num}(m, \gamma)$是一个二元函数，其返回值为整型数据。对于 $\forall m \in \gamma$，$1 \leqslant \mathrm{num}(m, \gamma) \leqslant |\gamma|$；$\forall m' \notin \gamma$，$\mathrm{num}(m', \gamma) = 0$。

根据定理 3.1 可知，两个最优对齐相似，它们包含的移动集合是相同的，但是每个移动在最优对齐中出现的次数却未必相同，如图 3-3 所示。图 3-3 中，γ_1、γ_2 均为迹 σ_{31} 与模型 N_{31} 的最优对齐，根据定义 3.2 可知，$S(\gamma_1)=\{(a_1,t_1),(a_2,t_2),(a_3,t_3),(a_3,>>),(>>,t_2),(a_4,t_4)\}$，$S(\gamma_2)=\{(a_1,t_1),(a_2,t_2),(a_3,t_3),(a_3,>>),(>>,t_2),(a_4,t_4)\}$。$S(\gamma_1)=S(\gamma_2)$，根据定理 3.1，$\mathrm{sim}(\gamma_1,\gamma_2)$成立。但存在移动$(a_3,>>)\in\gamma_1$ 且$(a_3,>>)\in\gamma_2$，$\mathrm{num}((a_3,>>),\gamma_1)=1$，$\mathrm{num}((a_3,>>),\gamma_2)=2$，$\mathrm{num}((a_3,>>),\gamma_1)\neq\mathrm{num}((a_3,>>),\gamma_2)$。为了更好地研究最优对齐之间的相似性，给出更加严格的定义——强相似最优对齐。若移动属于两个强相似最优对齐，则移动在强相似最优对齐中出现的次数完全相同。

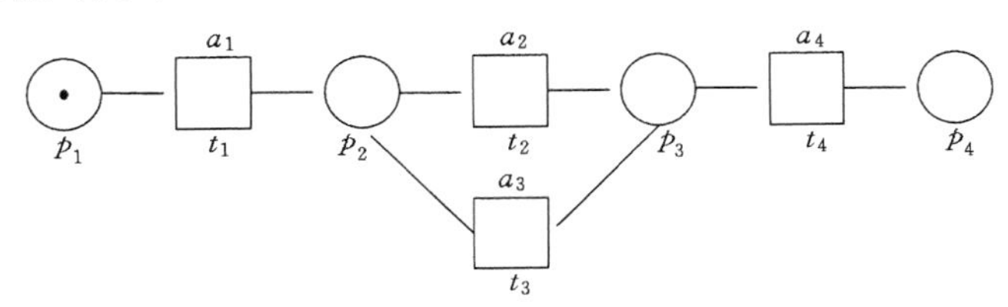

$\sigma_{31}=(a_1,a_2,a_3,a_3,a_2,a_3,a_3,a_2,a_3,a_3,a_4)$

$\gamma_1=$	a_1	a_2	a_3	a_3	a_2	a_3	a_3	a_2	a_3	>>	a_3	a_4
	a_1 t_1	a_2 t_2	a_3 t_3	>>	a_2 t_2	a_3 t_3	>>	a_2 t_2	a_3 t_3	a_2 t_2	a_3 t_3	a_4 t_4

$\gamma_2=$	a_1	a_2	a_3	a_3	a_2	a_3	>>	a_3	a_2	a_3	>>	a_3	a_4
	a_1 t_1	a_2 t_2	a_3 t_3	>>	a_2 t_2	a_3 t_3	a_2 t_2	a_3 t_3	a_2 t_2	a_3 t_3	a_2 t_2	a_3 t_3	a_4 t_4

图 3-3　模型 N_{31}、迹 σ_{31} 及它们之间的两个最优对齐

定义 3.4(强相似最优对齐)　设 $\gamma_1\in\Gamma^o_{\sigma,N,lc}$ 且 $\gamma_2\in\Gamma^o_{\sigma,N,lc}$，若 $\mathrm{sim}(\gamma_1,\gamma_2)$ 且 $\forall m\in S(\gamma_1)\cup S(\gamma_2)$，$\mathrm{num}(m,\gamma_1)=\mathrm{num}(m,\gamma_2)$，则称 γ_1、γ_2 为强相似最优对齐，记作 $\mathrm{equ}(\gamma_1,\gamma_2)$。

$\mathrm{equ}(\gamma_1,\gamma_2)$是一个二元函数，其返回值为逻辑型常量。当 γ_1、γ_2 为强相似最优对齐时，$\mathrm{equ}(\gamma_1,\gamma_2)$的返回值为 True；否则 $\mathrm{equ}(\gamma_1,\gamma_2)$的返回值为 False。

例 3.1 中，迹 σ_e 与网 N_e 之间所有最优对齐中 γ_1 与 γ_2，γ_3 与 γ_4 分别为强相似最优对齐。

定理 3.2　设 $\gamma_1\in\Gamma^o_{\sigma,N,lc}$ 且 $\gamma_2\in\Gamma^o_{\sigma,N,lc}$，$\mathrm{equ}(\gamma_1,\gamma_2)\Rightarrow\mathrm{sim}(\gamma_1,\gamma_2)$；反之不成立。

根据定义 3.1、定义 3.4 及图 3-3，可证明此定理成立。在此就不再详述。

定义 3.5(最优对齐的多重集)　设 $\gamma\in\Gamma^o_{\sigma,N,lc}$，给出最优对齐 γ 的四个多

重集定义如下：

(1) $S'_{\text{all}}(\gamma)=\partial_{\text{multiset}}(\gamma)$，表示 γ 全部移动多重集；

(2) $S'_{\text{log}}(\gamma)=[m=(a,t)\in\partial_{\text{multiset}}(\gamma)\wedge t=>>]$，表示 γ 日志移动多重集；

(3) $S'_{\text{mod}}(\gamma)=[m=(a,t)\in\partial_{\text{multiset}}(\gamma)\wedge a=>>\wedge\alpha(t)\neq\tau]$，表示 γ 模型移动多重集；

(4) $S'_{\text{syn}}(\gamma)=[m=(a,t)\in\partial_{\text{multiset}}(\gamma)\wedge((a\neq>>\wedge t\neq>>)\vee(a=>>\wedge\alpha(t)=\tau))]$，表示 γ 同步移动多重集。

上述定义中，四个多重集也可分别描述如下：

(1) $S'_{\text{all}}(\gamma)=[m^{\text{num}(m,\gamma)}\mid m\in\gamma]$，包括了最优对齐 γ 中所有移动；

(2) $S'_{\text{log}}(\gamma)=[m^{\text{num}(m,\gamma)}\mid m=(a,t)\in\gamma\wedge t=>>]$，包括了 γ 中所有日志移动；

(3) $S'_{\text{mod}}(\gamma)=[m^{\text{num}(m,\gamma)}\mid m=(a,t)\in\gamma\wedge a=>>\wedge\alpha(t)\neq\tau]$，包括了 γ 中所有模型移动；

(4) $S'_{\text{syn}}(\gamma)=[m^{\text{num}(m,\gamma)}\mid m=(a,t)\in\gamma\wedge(a\neq>>\wedge t\neq>>)\vee(a=>>\wedge\alpha(t)=\tau))]$，包括了 γ 中所有同步移动。

图 3-3 中，$S'_{\text{all}}(\gamma_1)=[(a_1,t_1),(a_2,t_2)^3,(a_3,t_3)^4,(a_3,>>)^2,(>>,t_2),(a_4,t_4)]$，$S'_{\text{log}}(\gamma_1)=[(a_3,>>)^2]$，$S'_{\text{mod}}(\gamma_1)=[(>>,t_2)]$，$S'_{\text{syn}}(\gamma_1)=[(a_1,t_1),(a_2,t_2)^3,(a_3,t_3)^4,(a_4,t_4)]$；$S'_{\text{all}}(\gamma_2)=[(a_1,t_1),(a_2,t_2)^3,(a_3,t_3)^5,(a_3,>>),(>>,t_2)^2,(a_4,t_4)]$，$S'_{\text{log}}(\gamma_2)=[(a_3,>>)]$，$S'_{\text{mod}}(\gamma_2)=[(>>,t_2)^2]$，$S'_{\text{syn}}(\gamma_2)=[(a_1,t_1),(a_2,t_2)^3,(a_3,t_3)^5,(a_4,t_4)]$。

定理 3.3　设 $\gamma\in\Gamma^{o}_{\sigma,N,lc}$，有 $S'_{\text{all}}(\gamma)=S'_{\text{log}}(\gamma)\hat{a}S'_{\text{mod}}(\gamma)\hat{a}S'_{\text{syn}}(\gamma)$。

根据最优对齐的定义，最优对齐中的移动包括三类：日志移动、模型移动和同步移动。因此，上述定理成立。图 3-3 中，$S'_{\text{all}}(\gamma_1)=[(a_1,t_1),(a_2,t_2)^3,(a_3,t_3)^4,(a_3,>>)^2,(>>,t_2),(a_4,t_4)]$，$S'_{\text{log}}(\gamma_1)\uplus S'_{\text{mod}}(\gamma_1)\uplus S'_{\text{syn}}(\gamma_1)=[(a_3,>>)^2]\uplus[(>>,t_2)]\uplus[(a_1,t_1),(a_2,t_2)^3,(a_3,t_3)^4,(a_4,t_4)]=[(a_3,>>)^2,(>>,t_2),(a_1,t_1),(a_2,t_2)^3,(a_3,t_3)^4,(a_4,t_4)]$，可见 $S'_{\text{all}}(\gamma_1)=S'_{\text{log}}(\gamma_1)\uplus S'_{\text{mod}}(\gamma_1)\uplus S'_{\text{syn}}(\gamma_1)$成立。

定理 3.4　设 $\gamma\in\Gamma^{o}_{\sigma,N,lc}$，有 $S'_{\text{log}}(\gamma)\cap S'_{\text{mod}}(\gamma)=\varnothing$，$S'_{\text{mod}}(\gamma)\cap S'_{\text{syn}}(\gamma)=\varnothing$，$S'_{\text{syn}}(\gamma)\cap S'_{\text{log}}(\gamma)=\varnothing$。

该定理说明最优对齐的日志移动多重集、模型移动多重集和同步移动多重集之间的交集均为空多重集。此定理是符合最优对齐的定义的。在图 3-3

中，$S'_{\log}(\gamma_1) \cap S'_{\mathrm{mod}}(\gamma_1)=\varnothing$，$S'_{\mathrm{mod}}(\gamma_1) \cap S'_{\mathrm{syn}}(\gamma_1)=\varnothing$，$S'_{\mathrm{syn}}(\gamma_1) \cap S'_{\log}(\gamma_1)=\varnothing$均成立。

定理 3.5 设 $\gamma_1 \in \Gamma^{o}_{\sigma,N,lc}$ 且 $\gamma_2 \in \Gamma^{o}_{\sigma,N,lc}$，$S'_{\mathrm{all}}(\gamma_1)=\partial_{\mathrm{multiset}}(\gamma_1)$，$S'_{\mathrm{all}}(\gamma_2)=\partial_{\mathrm{multiset}}(\gamma_2)$，则 $S'_{\mathrm{all}}(\gamma_1)=S'_{\mathrm{all}}(\gamma_2) \Leftrightarrow \mathrm{equ}(\gamma_1,\gamma_2)$。

证明:充分性。$\forall m \in \gamma_1$，因为 $S'_{\mathrm{all}}(\gamma_1)=\partial_{\mathrm{multiset}}(\gamma_1)$，所以 $m \in S'_{\mathrm{all}}(\gamma_1)$。因为 $S'_{\mathrm{all}}(\gamma_1)=S'_{\mathrm{all}}(\gamma_2)$，所以 $m \in S'_{\mathrm{all}}(\gamma_2)$。则 $m \in \gamma_2$ 且 $\mathrm{num}(m,\gamma_1)=\mathrm{num}(m,\gamma_2)$。同理，$\forall m \in \gamma_2$，可证 $m \in \gamma_1$ 且 $\mathrm{num}(m,\gamma_1)=\mathrm{num}(m,\gamma_2)$。因此，$\mathrm{equ}(\gamma_1,\gamma_2)$成立。

必要性。$\forall m \in S'_{\mathrm{all}}(\gamma_1)$，则 $m \in \gamma_1$。因为 $\mathrm{equ}(\gamma_1,\gamma_2)$，所以 $m \in \gamma_2$，$m \in S'_{\mathrm{all}}(\gamma_2)$。即 $S'_{\mathrm{all}}(\gamma_1) \subseteq S'_{\mathrm{all}}(\gamma_2)$ 且 $\mathrm{num}(m,\gamma_1)=\mathrm{num}(m,\gamma_2)$。同理，可证 $S'_{\mathrm{all}}(\gamma_2) \subseteq S'_{\mathrm{all}}(\gamma_1)$ 且 $\mathrm{num}(m,\gamma_1)=\mathrm{num}(m,\gamma_2)$。因此，$S'_{\mathrm{all}}(\gamma_1)=S'_{\mathrm{all}}(\gamma_2)$成立。[证毕]

设 γ_1、γ_2 是迹 σ 与网 N 之间的两个最优对齐，$S'_{\mathrm{all}}(\gamma_1)$为 γ_1 中的移动组成的多重集，$S'_{\mathrm{all}}(\gamma_2)$为 γ_2 中的移动组成的多重集，若 $S'_{\mathrm{all}}(\gamma_1)$和 $S'_{\mathrm{all}}(\gamma_2)$相等，则 γ_1、γ_2 是强相似最优对齐；反之亦然。即两个强相似最优对齐，它们的移动多重集相等；如果两个最优对齐对应的移动多重集相等，那么它们是强相似最优对齐。

例 3.1 中，$S'_{\mathrm{all}}(\gamma_1)$=[(login,$t_1$),(select items,$t_2$),(go cart,$t_3$),(>>,$t_2$),(make order,$t_4$),(confirm list,$t_5$),(>>,$t_6$),(submit order,$t_7$),(pay online,$t_9$),(check information,$t_{11}$)]$=S'_{\mathrm{all}}(\gamma_2)$且 $\mathrm{equ}(\gamma_1,\gamma_2)$成立；$S'_{\mathrm{all}}(\gamma_3)$=[(login,$t_1$),(select items,$t_2$),(go cart,>>),(make order,t_4),(confirm list,t_5),(>>,t_6),(submit order,t_7),(pay online,t_9),(check information,t_{11})]$=S'_{\mathrm{all}}(\gamma_4)$且 $\mathrm{equ}(\gamma_3,\gamma_4)$成立。

根据定义 3.4 可知，两个强相似最优对齐的移动集合相等，且每个移动出现的次数相等，因此强相似最优对齐的长度相等。

定理 3.6 设 $\gamma_1 \in \Gamma^{o}_{\sigma,N,lc}$ 且 $\gamma_2 \in \Gamma^{o}_{\sigma,N,lc}$，则 $\mathrm{equ}(\gamma_1,\gamma_2) \Rightarrow |\gamma_1|=|\gamma_2|$。

证明:集合 $S(\gamma_1)=\partial_{\mathrm{set}}(\gamma_1)$，$S(\gamma_2)=\partial_{\mathrm{set}}(\gamma_2)$，由定理 3.1 可知 $S(\gamma_1)=S(\gamma_2)$，那么$|S(\gamma_1)|=|S(\gamma_2)|$。因为有 $\mathrm{equ}(\gamma_1,\gamma_2)$，所以$\forall m \in S(\gamma_1) \cup S(\gamma_2)$，$\mathrm{num}(m,\gamma_1)=\mathrm{num}(m,\gamma_2)$。因此，$|\gamma_1|=\sum_{i=1}^{|W(\gamma_1)|}\mathrm{num}(m_i,\gamma_1)=\sum_{j=1}^{|W(\gamma_2)|}\mathrm{num}(m_j,\gamma_2)=|\gamma_2|$。

例 3.1 中，$\mathrm{equ}(\gamma_1,\gamma_2)$，$|\gamma_1|=|\gamma_2|=10$；$\mathrm{equ}(\gamma_3,\gamma_4)$，$|\gamma_3|=|\gamma_4|=9$；

$|\gamma_1| \neq |\gamma_3|$，$equ(\gamma_1, \gamma_3)$不成立。

定理 3.7 设 $\gamma_1 \in \Gamma^o_{\sigma,N,lc}$ 且 $\gamma_2 \in \Gamma^o_{\sigma,N,lc}$，则 $equ(\gamma_1, \gamma_2) \Rightarrow S'_{log}(\gamma_1) = S'_{log}(\gamma_2)(S'_{mod}(\gamma_1) = S'_{mod}(\gamma_2) / S'_{syn}(\gamma_1) = S'_{syn}(\gamma_2))$。

证明：若 $equ(\gamma_1, \gamma_2)$，记 $S(\gamma_1) = S(\gamma_2) = S$。$\forall m \in S$ 且 $m = (a, t) \in \gamma, t = >>$，则 $num(m, \gamma_1) = num(m, \gamma_2)$，$S'_{log}(\gamma_1) = \{m^{num(m,\gamma_1)} \mid m = (a, t) \in \gamma \wedge t = >>\} = \{m^{num(m,\gamma_2)} \mid m = (a, t) \in \gamma \wedge t = >>\} = S'_{log}(\gamma_2)$。

同理可证，$S'_{mod}(\gamma_1) = S'_{mod}(\gamma_2) / S'_{syn}(\gamma_1) = S'_{syn}(\gamma_2)$均成立。

定理 3.7 说明了两个强相似最优对齐的同步移动多重集、日志移动多重集和模型移动多重集分别相同。

例 3.1 中，$equ(\gamma_1, \gamma_2)$，$S'_{log}(\gamma_1) = \varnothing = S'_{log}(\gamma_2)$，$S'_{mod}(\gamma_1) = [(>>, t_2), (>>, t_6)] = S'_{mod}(\gamma_2)$，$S'_{syn}(\gamma_1) = [$(login, t_1), (select items, t_2), (go cart, t_3), (make order, t_4), (confirm list, t_5), (submit order, t_7), (pay online, t_9), (check information, t_{11})$] = S'_{syn}(\gamma_2)$；$equ(\gamma_3, \gamma_4)$，$S'_{log}(\gamma_3) = [$(go cart, >>)$] = S'_{log}(\gamma_4)$，$S'_{mod}(\gamma_3) = [(>>, t_6)] = S'_{mod}(\gamma_4)$，$S'_{syn}(\gamma_3) = [$(login, t_1), (select items, t_2), (make order, t_4), (confirm list, t_5), (submit order, t_7), (pay online, t_9), (check information, t_{11})$] = S'_{syn}(\gamma_4)$。

定理 3.8 工作流网模型 N 中不存在重复变迁和不可见变迁时，必然满足以下结论：$\gamma_1 \in \Gamma^o_{\sigma,N,lc}$ 且 $\gamma_2 \in \Gamma^o_{\sigma,N,lc}$，$\forall m_1, m_2 \in S'_{syn}(\gamma_1) \uplus S'_{syn}(\gamma_2)$，其中 $m_1 = (a_1, t_1)$，$m_2 = (a_2, t_2)$。$a_1 = a_2 \Rightarrow t_1 = t_2 \Rightarrow m_1 = m_2$。

证明：反证法。假设结论不成立，即 $a_1 = a_2$ 成立，而 $t_1 = t_2$ 不成立。因为 $m_1, m_2 \in S'_{syn}(\gamma_1) \uplus S'_{syn}(\gamma_2)$，所以 $t_1 \neq >>$ 且 $t_2 \neq >>$。说明模型 N 中有两个不同的变迁具有相同的活动标签，这与 N 中不存在重复变迁和不可见变迁相矛盾，因此假设不成立。若 $a_1 = a_2$，$t_1 = t_2$，因为 $m_1 = (a_1, t_1)$，$m_2 = (a_2, t_2)$，所以 $m_1 = m_2$。

即对于不含有重复变迁和不可见变迁的网，不可能出现两个同步移动活动相同而变迁不同的情况。

推论 3.1 设工作流网模型 $N = (P, T; F, \alpha, m_i, m_f)$，$\forall t \in T, t \neq \tau$ 且不存在 t' 使得 $\alpha(t) \neq \alpha(t')$。设 $\gamma_1 \in \Gamma^o_{\sigma,N,lc}$ 且 $\gamma_2 \in \Gamma^o_{\sigma,N,lc}$，则 $equ(\gamma_1, \gamma_2)$ iff $S'_{log}(\gamma_1) \uplus S'_{mod}(\gamma_1) = S'_{log}(\gamma_2) \uplus S'_{mod}(\gamma_2)$。

证明：必要性。若 $equ(\gamma_1, \gamma_2)$，根据定理 3.7 可知 $S'_{log}(\gamma_1) = S'_{log}(\gamma_2)$，$S'_{mod}(\gamma_1) = S'_{mod}(\gamma_2)$，则 $S'_{log}(\gamma_1) \uplus S'_{mod}(\gamma_1) = S'_{log}(\gamma_2) \uplus S'_{mod}(\gamma_2)$成立。

充分性。根据定理 3.4 可知 $S'_{log}(\gamma) \cap S'_{mod}(\gamma) = \varnothing \wedge S'_{mod}(\gamma) \cap S'_{syn}(\gamma) = \varnothing \wedge S'_{syn}(\gamma) \cap S'_{log}(\gamma) = \varnothing$，又已知 $S'_{log}(\gamma_1) \uplus S'_{mod}(\gamma_1) =$

$S'_{\log}(\gamma_2) \uplus S'_{\text{mod}}(\gamma_2)$，故 $S'_{\log}(\gamma_1)=S'_{\log}(\gamma_2)$ 且 $S'_{\text{mod}}(\gamma_1)=S'_{\text{mod}}(\gamma_2)$。因为 $S'_{\log}(\gamma_1)=S'_{\log}(\gamma_2)$，所以 $\pi_1(S'_{\log}(\gamma_1))_{\downarrow A}=\pi_1(S'_{\log}(\gamma_2))_{\downarrow A}$。记 $m=(a, t)$，$\forall m \in S'_{\text{mod}}(\gamma_1)$，$a=\gg$，即 $\pi_1(S'_{\text{mod}}(\gamma_1))_{\downarrow A}=\pi_1(S'_{\text{mod}}(\gamma_2))_{\downarrow A}=\varnothing$。因为 $\pi_1(\gamma_1)_{\downarrow A}=\pi_1(\gamma_2)_{\downarrow A}=\sigma$，则 $\pi_1(S'_{\text{all}}(\gamma_1))_{\downarrow A}=\pi_1(S'_{\text{all}}(\gamma_2))_{\downarrow A}$，所以 $\pi_1(S'_{\text{syn}}(\gamma_1))_{\downarrow A}=\pi_1(S'_{\text{syn}}(\gamma_2))_{\downarrow A}$。因为 WF-net 模型 $N=(P, T; F, \alpha, m_{\text{i}}, m_{\text{f}})$，$\forall t \in T, t \neq \tau$ 且不存在 t' 使得 $\alpha(t) \neq \alpha(t')$，所以 $S'_{\text{syn}}(\gamma_1)=S'_{\text{syn}}(\gamma_2)$。根据定理 3.3 可得 $S'_{\text{all}}(\gamma_1)=S'_{\text{all}}(\gamma_2)$。根据定理 3.5 可得 $\text{equ}(\gamma_1, \gamma_2)$ 成立。

推论 3.1 说明对于不存在重复变迁和不可见变迁的网模型，两个最优对齐强相似当且仅当它们的日志移动多重集和模型移动多重集的并集相等。

例 3.1 中，$\text{equ}(\gamma_1, \gamma_2)$ 且 $S'_{\log}(\gamma_1) \uplus S'_{\text{mod}}(\gamma_1)=\varnothing \uplus [(\gg, t_2), (\gg, t_6)]=[(\gg, t_2), (\gg, t_6)]=S'_{\log}(\gamma_2) \uplus S'_{\text{mod}}(\gamma_2)$；$\text{equ}(\gamma_3, \gamma_4)$ 且 $S'_{\log}(\gamma_3) \uplus S'_{\text{mod}}(\gamma_3)=[(\text{go cart}, \gg)] \uplus [(\gg, t_6)]=[(\text{go cart}, \gg), (\gg, t_6)]=S'_{\log}(\gamma_4) \uplus S'_{\text{mod}}(\gamma_4)$。

推论 3.2 设工作流网模型 $N=(P, T; F, \alpha, m_{\text{i}}, m_{\text{f}})$，$\forall t \in T, t \neq \tau$ 且不存在 t' 使得 $\alpha(t) \neq \alpha(t')$。设 $\gamma_1 \in \Gamma^o_{\sigma,N,lc}$ 且 $\gamma_2 \in \Gamma^o_{\sigma,N,lc}$，则 $\text{equ}(\gamma_1, \gamma_2)$ iff $S'_{\text{mod}}(\gamma_1) \uplus S'_{\text{syn}}(\gamma_1)= S'_{\text{mod}}(\gamma_2) \uplus S'_{\text{syn}}(\gamma_2)$。

证明过程同推论 3.1 类似，略。

推论 3.2 说明对于不存在重复变迁和不可见变迁的网模型，两个最优对齐强相似当且仅当它们的同步移动多重集和模型移动多重集的并集相等。

例 3.1 中，$\text{equ}(\gamma_1, \gamma_2)$ 且 $S'_{\text{mod}}(\gamma_1) \uplus S'_{\text{syn}}(\gamma_1)=[(\gg, t_2), (\gg, t_6)] \uplus [(\text{login}, t_1), (\text{select items}, t_2), (\text{go cart}, t_3), (\text{make order}, t_4), (\text{confirm list}, t_5), (\text{submit order}, t_7), (\text{pay online}, t_9), (\text{check information}, t_{11})]=[(\gg, t_2), (\gg, t_6), (\text{login}, t_1), (\text{select items}, t_2), (\text{go cart}, t_3), (\text{make order}, t_4), (\text{confirm list}, t_5), (\text{submit order}, t_7), (\text{pay online}, t_9), (\text{check information}, t_{11})]=S'_{\text{mod}}(\gamma_2) \uplus S'_{\text{syn}}(\gamma_2)$；$\text{equ}(\gamma_3, \gamma_4)$ 且 $S'_{\text{mod}}(\gamma_3) \uplus S'_{\text{syn}}(\gamma_3)=[(\gg, t_6)] \uplus [(\text{login}, t_1), (\text{select items}, t_2), (\text{make order}, t_4), (\text{confirm list}, t_5), (\text{submit order}, t_7), (\text{pay online}, t_9), (\text{check information}, t_{11})]=[(\gg, t_6), (\text{login}, t_1), (\text{select items}, t_2), (\text{make order}, t_4), (\text{confirm list}, t_5), (\text{submit order}, t_7), (\text{pay online}, t_9), (\text{check information}, t_{11})]=S'_{\text{mod}}(\gamma_4) \uplus S'_{\text{syn}}(\gamma_4)$。

推论 3.3 设工作流网模型 $N=(P, T; F, \alpha, m_{\text{i}}, m_{\text{f}})$，$\forall t \in T, t \neq \tau$ 且不存在 t' 使得 $\alpha(t) \neq \alpha(t')$。设 $\gamma_1 \in \Gamma^o_{\sigma,N,lc}$ 且 $\gamma_2 \in \Gamma^o_{\sigma,N,lc}$，则 $\text{equ}(\gamma_1, \gamma_2) \Rightarrow$

$S'_{\log}(\gamma_1) \uplus S'_{\text{syn}}(\gamma_1) = S'_{\log}(\gamma_2) \uplus S'_{\text{syn}}(\gamma_2)$；反之不成立。

根据定理3.5，强相似最优对齐的同步移动多重集和日志上的移动多重集相等；反之不成立。图3-4所示说明，当两个最优对齐的同步移动多重集和日志上的移动多重集相等时，未必是相似最优对齐。

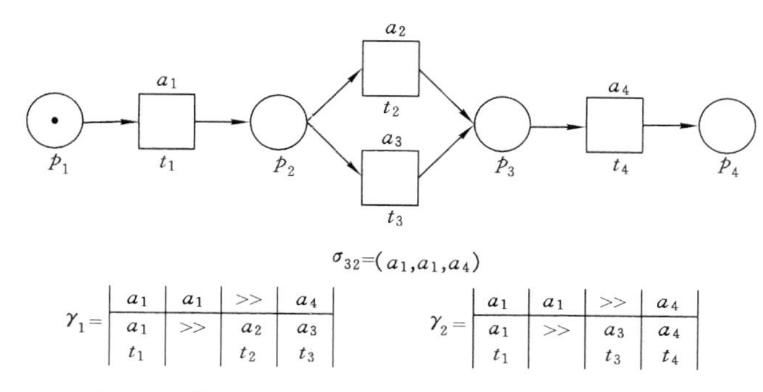

图3-4 模型 N_{32}、迹 σ_{32} 及它们之间的两个最优对齐

图3-4中，$S'_{\log}(\gamma_1)=[(a_1,>>)]$，$S'_{\text{syn}}(\gamma_1)=[(a_1,t_1),(a_4,t_4)]$，$S'_{\log}(\gamma_2)=[(a_1,>>)]$，$S'_{\text{syn}}(\gamma_2)=[(a_1,t_1),(a_4,t_4)]$，$S'_{\log}(\gamma_1) \uplus S'_{\text{syn}}(\gamma_1)=S'_{\log}(\gamma_2) \uplus S'_{\text{syn}}(\gamma_2)$成立。但 $S'_{\text{all}}(\gamma_1)=[(a_1,t_1),(a_1,>>),(>>,a_2),(a_4,t_4)]$，$S'_{\text{all}}(\gamma_2)=[(a_1,t_1),(a_1,>>),(>>,a_3),(a_4,t_4)]$，$S'_{\text{all}}(\gamma_1) \neq S'_{\text{all}}(\gamma_2)$，因此 $\text{equ}(\gamma_1,\gamma_2)$不成立。

为了更好地将 γ_1、γ_2 之间的相似性形式化，以便讨论最优对齐之间的相似性对最优对齐集合的影响，下面给出最优对齐相似关系的定义。

3.2 最优对齐相似关系

将工作流网模型与迹之间的所有最优对齐作为一个集合，从集合[114-115]的角度，可以得到相似最优对齐的下述定义及性质。

定义3.6(最优对齐的相似关系) 最优对齐的相似关系 R 是 $\Gamma^o_{\sigma,N,lc}$ 上的二元关系。设 $\gamma_1 \in \Gamma^o_{\sigma,N,lc}$ 且 $\gamma_2 \in \Gamma^o_{\sigma,N,lc}$，若 $\text{sim}(\gamma_1,\gamma_2)$，则序偶 $<\gamma_1,\gamma_2> \in R$；若 $\text{sim}(\gamma_1,\gamma_2)$不成立，则序偶 $<\gamma_1,\gamma_2> \notin R$。

例3.1中，$\text{sim}(\gamma_1,\gamma_2)$成立，因此 $<\gamma_1,\gamma_2> \in R$；$\text{sim}(\gamma_1,\gamma_3)$不成立，因此 $<\gamma_1,\gamma_3> \notin R$。

定理3.9 最优对齐的相似关系是一个等价关系。

证明：自反性。对于 $\forall \gamma \in \Gamma^o_{\sigma,N,lc}$，$\text{sim}(\gamma,\gamma)$成立。即 $<\gamma,\gamma> \in R$，因此

相似关系具有自反性。

对称性。设 $\gamma_1 \in \Gamma^o_{\sigma,N,lc}$ 且 $\gamma_2 \in \Gamma^o_{\sigma,N,lc}$，若 $<\gamma_1,\gamma_2> \in R$ 则 $\text{sim}(\gamma_1,\gamma_2)$，$S'_{\text{all}}(\gamma_1)=S'_{\text{all}}(\gamma_2)$。那么 $S'_{\text{all}}(\gamma_2)=S'_{\text{all}}(\gamma_1)$，$\text{sim}(\gamma_2,\gamma_1)$ 成立，$<\gamma_2,\gamma_1> \in R$。即 $<\gamma_1,\gamma_2> \in R \rightarrow <\gamma_2,\gamma_1> \in R$，因此相似关系具有对称性。

传递性。设 $\gamma_1 \in \Gamma^o_{\sigma,N,lc} \wedge \gamma_2 \in \Gamma^o_{\sigma,N,lc} \wedge \gamma_3 \in \Gamma^o_{\sigma,N,lc} \wedge \text{sim}(\gamma_1,\gamma_2) \wedge \text{sim}(\gamma_2,\gamma_3)$，因为 $\text{sim}(\gamma_1,\gamma_2) \wedge \text{sim}(\gamma_2,\gamma_3)$，所以 $S'_{\text{all}}(\gamma_1)=S'_{\text{all}}(\gamma_2)$ 且 $S'_{\text{all}}(\gamma_2)=S'_{\text{all}}(\gamma_3)$，那么 $S'_{\text{all}}(\gamma_1)=S'_{\text{all}}(\gamma_3)$，$\text{sim}(\gamma_1,\gamma_3)$ 成立。即 $<\gamma_1,\gamma_2> \in R \wedge <\gamma_2,\gamma_3> \in R \rightarrow <\gamma_1,\gamma_3> \in R$，因此相似关系具有传递性。

综上所述，最优对齐的相似关系是一个等价关系。

定义 3.7(最优对齐的相似类)　设 R 为集合 $\Gamma^o_{\sigma,N,lc}$ 上的相似关系，对任何 $\gamma \in \Gamma^o_{\sigma,N,lc}$，集合 $[\gamma]_R=\{\gamma_i \mid \gamma_i \in \Gamma^o_{\sigma,N,lc}, <\gamma,\gamma_i> \in R\}$ 称为最优对齐 γ 形成的 R 相似类。其相似集合 $\{[\gamma]_R \mid \gamma \in \Gamma^o_{\sigma,N,lc}\}$ 称作 $\Gamma^o_{\sigma,N,lc}$ 关于 R 的商集，记作 $\Gamma^o_{\sigma,N,lc}/R$。

推论 3.4　集合 $\Gamma^o_{\sigma,N,lc}$ 上的相似关系 R，决定了 $\Gamma^o_{\sigma,N,lc}$ 的一个划分，该划分就是商集 $\Gamma^o_{\sigma,N,lc}/R$。

对于例 3.1 中给出的迹 σ_e 与网 N_e 的所有最优对齐，$\Gamma^o_{\sigma,N,lc}=\{\gamma_1,\gamma_2,\gamma_3,\gamma_4\}$，$[\gamma_1]_R=[\gamma_2]_R=\{\gamma_1,\gamma_2\}$，$[\gamma_3]_R=[\gamma_4]_R=\{\gamma_3,\gamma_4\}$，$\Gamma^o_{\sigma,N,lc}/R=\{[\gamma_1]_R,[\gamma_3]_R\}=\{\{\gamma_1,\gamma_2\},\{\gamma_3,\gamma_4\}\}$。

商集把一个集合分成若干子集，每个子集里的最优对齐之间都是相似的，具有相同的偏差。而不同子集的最优对齐之间没有完全的相似性，出现的偏差也不完全相同。

定义 3.8(最优对齐代表项)　设 $[\gamma]_R=\{\gamma_i \mid \gamma_i \in \Gamma^o_{\sigma,N,lc}, <\gamma,\gamma_i> \in R\}$，任取 $\gamma_i=\text{rep}([\gamma]_R)$ 称之为最优对齐的代表项。

即设 $\gamma_1,\gamma_2,\cdots,\gamma_n$ 是迹 σ 与网 N 之间一组相似最优对齐，可任取其中一项 $\gamma_i=\text{rep}(\gamma_1,\gamma_2,\cdots,\gamma_n)$ 作为本组相似最优对齐的代表项。例 3.1 中，可取 $\gamma_1=\text{rep}(\gamma_1,\gamma_2)$，$\gamma_3=\text{rep}(\gamma_3,\gamma_4)$。若 $\gamma_1,\gamma_2,\cdots,\gamma_n$ 为相似最优对齐，则可任取其中一个 $\gamma_i(1 \leqslant i \leqslant n)$ 作为 $\gamma_1,\gamma_2,\cdots,\gamma_n$ 的代表项。相似最优对齐具有相似的特性，它们出现偏差的类型完全相同，只是偏差在对齐中的位置不同。对于此类最优对齐，可以只找出其代表项。该代表项可以体现迹与模型之间的所有偏差，以便更好地对对齐进行诊断。

相似最优对齐的应用领域较广，可以利用其来简化最优对齐的算法及计算模型与迹的精确度。接下来，从计算最优对齐的角度来考察一下相似最优对齐的应用。根据最优对齐之间的相似性，实现最优对齐的分组。分组后，每组只选取一个代表项。如此一来，可以以最少的最优对齐体现出迹与过程模型之间的所有偏差。

3.3 基于质数权值的最优对齐分组算法

经上述分析可知，相似最优对齐之间具有以下性质：包含的移动多重集完全相同，只是移动在多重集中出现的顺序不同。因此，相似最优对齐发生偏差的类型完全相同。对模型和日志进行合规性检查时，将相似最优对齐进行分组。只需对每组中的一个代表项进行研究便可诊断出所有偏差，从而简化了最优对齐的求解。本节给出算法，来实现相似最优对齐的分组。

根据 Adriansyah 等提出的对齐方法求解迹与模型之间所有最优对齐时会生成一个图，表示事件网（由迹生成的网）与过程网（原 Petri 网）乘积的变迁系统。文献[40]中虽然给出了最优对齐分组方法的描述，但未给出该方法的形式化定义。且根据该方法，很难实现最优对齐的精确分组，甚至无法对相似最优对齐进行分组。

其最优对齐分组的思想是选择该图中最优对齐分支上的某个或者某些结点作为 knot 结点集，具有指向同一个 knot 结点的边所在路径产生的最优对齐，被认为是相似最优对齐。例如，所有路径都有边指向终点，若仅以终点为 knot 结点集，则所有最优对齐均被分到同一组中，且所有最优对齐都是相似的；若仅以源点为 knot 结点集，由于没有任何边指向源点，那么每个最优对齐属于不同的组，而最优对齐之间互不相似。

该算法思想本身比较灵活，选择的 knot 结点集不同，得到的最优对齐分组不同。缺点是 knot 结点集的选择较为困难，很难选定恰当的 knot 结点集实现符合要求且具有一定意义的相似最优对齐的分组。

以例 3.1 中迹 σ_e 与模型 N_e 的所有最优对齐进行分组为例。过程模型 N_e 中共有 10 个库所，其结构形式较为简单，可以分析出其可达状态图中包括 10 个不同的可达标识。迹 σ_e 中包括 8 个变迁，对应的日志模型中将包含 9 个库所，其可达状态图中包括 9 个不同的可达状态。根据过程模型与日志模型之间的乘积模型的计算可知，乘积模型的变迁系统至少包括 $10\times9=90$ 个状态。在变迁系统中，任意选择一个或者多个结点作为 knot 结点集，knot 结点集的选择共 $2^{90}-1$ 种组合，数量庞大。当然在确定 knot 结点集的时候，可以根据结点在图中所处层次进行选择，即使如此，knot 结点集的选择也有 $9+10=19$ 种情况。很难抉择选择哪些结点才能达到同组中最优对齐之间包含的移动多重集相同而移动出现顺序不同的分组标准。甚至在该图中，不管选择哪些结点作为 knot 结点集都无法满足该要求。因此该算法很难实现上述相似最优对齐的分组。

为了解决上述问题，本书给出一种相似最优对齐分组算法。其主要思想是对所有最优对齐进行扫描，若移动是同步的，则给它分配权值为 1；若移动是日志上的或者模型上的，则给它分配一个质数作为权值，且保证相同的移动得到的权值相同，而不同的移动得到的权值互异。然后，计算每个对齐中所有移动权值之积作为对齐的代价。具有相同代价的最优对齐为相似最优对齐，代价不同的最优对齐不相似。

另外，该算法要求模型中不存在重复变迁。符合该条件的模型必然能够得到以下结论：设 γ_1、γ_2 是迹 σ 与模型 N 之间的两个最优对齐，同步移动 m_1、$m_2 \in \partial_{set}(\gamma_1) \cup \partial_{set}(\gamma_2)$，分别记作 $m_1=(a_1,t_1)$，$m_2=(a_2,t_2)$。若 $a_1=a_2$，必然有 $t_1=t_2$、$m_1=m_2$ 成立，即该模型中不可能出现两个同步移动活动相同而变迁不同的情况。

给出该算法思想的形式化描述。首先，定义两个函数 weight(m)和 cost(γ)分别表示移动 m 的权值和最优对齐 γ 的代价。其中，若 m 是同步移动，则 weight$(m)=1$；否则，weight$(m)=p$(p 为任意质数)，且保证 m_1 和 m_2 是非同步移动时，若 $m_1 \neq m_2$，则 weight$(m_1) \neq$ weight(m_2)。cost$(\gamma)=\prod_{i=1}^{|\gamma|}$ weight(m_i)。设 γ_1、γ_2 是迹 σ 与模型 N 之间两个最优对齐。若 cost$(\gamma_1)=$ cost(γ_2)，那么 γ_1、γ_2 是相似最优对齐；反之亦然。给出定理 3.10 说明算法思想的正确性。

定理 3.10　两个最优对齐相似，当且仅当两个最优对齐的代价相等。

证明：必要性。设 γ_1、γ_2 是迹 σ 与模型 N 之间的两个相似最优对齐。根据上述对于相似最优对齐性质的分析，可知 γ_1 与 γ_2 中含有的移动多重集相同，只是移动出现顺序不同，因此 cost$(\gamma_1)=\prod_{i=1}^{|\gamma_1|}$ weight$(m_i)=\prod_{j=1}^{|\gamma_2|}$ weight$(m_j)=$ cost(γ_2)。结论成立。

充分性。设 γ_1、γ_2 是迹 σ 与模型 N 的最优对齐且 cost$(\gamma_1)=$cost(γ_2)。将 cost(γ_1)和 cost(γ_2)因式分解得到的结果必然相同，设 cost$(\gamma_1)=$ cost$(\gamma_2)=c_1 \times c_2 \times \cdots \times c_k$（其中 $c_i<c_j$，$1 \leqslant i<j \leqslant k$，且每一个因子都是质数，不可继续分解）。因式中的每一个 c_i 对应一个 weight 值。由 weight 定义可知当 weight$\neq 1$ 时，对应一个日志上或者模型上的移动。因此，$S'_{log}(\gamma_1)=S'_{log}(\gamma_2)$，$S'_{mod}(\gamma_1)=S'_{mod}(\gamma_2)$。$\pi_1(S'_{log}(\gamma_1))_{\downarrow A}=\pi_1(S'_{log}(\gamma_2))_{\downarrow A}$。记 $m=$

(a,t)，对于任意的 $m \in S'_{mod}(\gamma)$，因为 $a = >>$，所以 $\pi_1(S'_{mod}(\gamma_1))_{\downarrow A} = \pi_1(S'_{mod}(\gamma_2))_{\downarrow A} = \varnothing$。又因 $\pi_1(\gamma_1)_{\downarrow A} = \pi_1(\gamma_2)_{\downarrow A} = \sigma$，则 $\pi_1(S'_{all}(\gamma_1))_{\downarrow A} = \pi_1(S'_{all}(\gamma_2))_{\downarrow A}$，所以 $\pi_1(S'_{syn}(\gamma_1))_{\downarrow A} = \pi_1(S'_{syn}(\gamma_2))_{\downarrow A}$。模型中无重复变迁，$S'_{syn}(\gamma_1) = S'_{syn}(\gamma_2)$。因此，$S'_{all}(\gamma_1) = S'_{log}(\gamma_1) \uplus S'_{mod}(\gamma_1) \uplus S'_{syn}(\gamma_1) = S'_{log}(\gamma_2) \uplus S'_{mod}(\gamma_2) \uplus S'_{syn}(\gamma_2) = S'_{all}(\gamma_2)$。两最优对齐相似得证。

下面给出该算法的执行步骤伪代码。首先，给出所需数据结构以及相应变量的声明：

lb[1,2,…,n]：lb[i]记录了与 γ_i 相似的最优对齐的下标值中的最小者；

prime[1,2,…,nm]：存储质数；

c[1,2,…,n]：记录每个最优对齐的代价；

w[1,2,…,n][1,2,…,m]：记录最优对齐中每个移动的权重值；

γ：记录最优对齐中所有模型移动和日志移动。

算法 3.1　基于质数权值的最优对齐分组算法。

输入：迹 σ 与模型 N 之间所有最优对齐的集合 $\Gamma^{o}_{\sigma,N,lc} = \{\gamma_1,\gamma_2,\cdots,\gamma_n\}$。

输出：相似最优对齐标识 lb[1,2,…,n]。

步骤：

1. prime[1,2,…,nm]←{2,3,5,7,…}；//将质数序列按从小到大的顺序依次存储于 prime 中

2. lb[1,2,…,n]←{1,2,3,…,n}；//初始化设置

3. FOR($\forall \gamma_i \in \Gamma^{o}_{\sigma,N,lc}$) DO

4. 　{IF(π_1(γ_i[j])≠"<<" AND π_2(γ_i[j])≠"<<") THEN

5. 　　w[i][j]←1；//若 γ_i 中第 j 个移动为同步移动，置 w[i][j]为 1

6. 　IF(π_1(γ_i[j])="<<" OR π_2(γ_i[j])="<<") THEN//判断 γ_i 中第 j 个移动是否为同步移动

7. 　　{FOR(k←1;k≤|γ|;k++) DO

8. 　　　IF(γ_i[j]=γ[k]) THEN BREAK;

　　　//变量 k 记录了 γ 中与 γ_i[j]相同的移动的下标值或者|γ|+1

9. 　　IF(k≤|γ|) THEN

10. 　　　w[i][j]←prime[k]；//若 γ_i[j]在 γ 中，取对应的质数作为 γ_i[j]的权值

11. 　　ELSE

12. 　　　{γ[|γ|+1]←γ_i[j];

13. 　　　w[i][j]←prime[|γ|];}}}

//若 $\gamma_i[j]$不在 γ 中，将该移动存到 γ 的末尾，并取对应质数作为 $\gamma_i[j]$的权值

14. FOR($\forall\gamma_i\in\Gamma^o_{\sigma,N,lc}$) DO

15. $c[i]\leftarrow\prod_{i=1}^{|\gamma_i|}w[i][j]$;//计算每个最优对齐的代价值

16. FOR($i\leftarrow 1;i\leqslant|\Gamma^o_{\sigma,N,lc}|;i++$) DO

17. FOR($j\leftarrow i+1;j\leqslant|\Gamma^o_{\sigma,N,lc}|;j++$) DO

18. IF($lb[j]>lb[i]$) THEN//若 $lb[j]\leqslant lb[i]$，说明 γ_j已实现分组

19. IF($\gamma_i=\gamma_j$) THEN $lb[j]\leftarrow lb[i]$;//为相似最优对齐赋予相同标识，实现分组

记最优对齐的个数$|\Gamma^o_{\sigma,N,lc}|=n$，最优对齐最大长度 $\max(|\gamma_1|,|\gamma_2|,\cdots,|\gamma_n|)=m$。在算法中，需要存储所有的最优对齐、每个移动的权值所在的二维数组以及每个最优对齐代价的一维数组等，其中占用内存最多的为所有最优对齐，最多包含 mn 个移动。因此算法的空间复杂度相对较为稳定，为 $O(mn)$。在最坏的情况下，所有最优对齐中的移动都非同步，其个数为 nm。算法的重复执行步骤主要在语句 3 至语句 13 之间的程序段，其重复执行次数为 $O(m^2n^2)$，因此算法的时间复杂度为 $O(m^2n^2)$。

利用上述算法分析例 3.1。权值的分配和代价的计算，分别如表 3-1、表 3-2所示。

表 3-1　权值分配表

移动名	移动类型	所属最优对齐	权值
(login, t_1)	同步移动	$\gamma_1,\gamma_2,\gamma_3,\gamma_4$	1
(select items, t_2)	同步移动	$\gamma_1,\gamma_2,\gamma_3,\gamma_4$	1
(go cart, t_3)	同步移动	γ_1,γ_2	1
(>>, t_2)	模型移动	γ_1,γ_2	2
(make order, t_4)	同步移动	$\gamma_1,\gamma_2,\gamma_3,\gamma_4$	1
(confirm list, t_5)	同步移动	$\gamma_1,\gamma_2,\gamma_3,\gamma_4$	1
(>>, t_6)	模型移动	$\gamma_1,\gamma_2,\gamma_3,\gamma_4$	3
(submit order, t_7)	同步移动	$\gamma_1,\gamma_2,\gamma_3,\gamma_4$	1
(pay online, t_9)	同步移动	$\gamma_1,\gamma_2,\gamma_3,\gamma_4$	1
(check information, t_{11})	同步移动	$\gamma_1,\gamma_2,\gamma_3,\gamma_4$	1
(go cart, >>)	日志移动	γ_3,γ_4	5

表 3-2 最优对齐代价表

最优对齐	γ_1	γ_2	γ_3	γ_4
代价	2×3=6	2×3=6	3×5=15	3×5=15

通过表 3-1 可以看出,同步移动的权值均为 1,非同步移动的权值分别为不同的质数。接下来根据表 3-1 中各个移动的权值,计算每个最优对齐的代价。计算方法为将最优对齐中非同步移动的权值相乘,所得结果即为该最优对齐的代价。根据定理 3.10 可知,代价相同的最优对齐是相似的。因此,该实例中 γ_1 与 γ_2,γ_3 与 γ_4 分别为相似最优对齐。

3.4 相似最优对齐代表项的计算

给定迹和工作流网模型,迹与模型之间发生偏差的情况有很多种。模型的结构本身很复杂,而迹中记录的活动序列也千变万化,因此要考虑到出现偏差的全部情形是非常困难的。通过对大量事件日志和过程模型进行研究发现,迹与模型之间的偏差模式主要有三种:活动替换模式、活动重排模式和活动重复模式[40]。本书借助相似最优对齐的思想,针对其中容易出现相似最优对齐的偏差情况,结合四种基本的工作流网模式,给出计算最优对齐的 MPA (Multi-phase Alignment,多阶段对齐)算法。

MPA 算法对工作流网模型的结构有一定要求,即模型是一个流程结构清晰的工作流网,该网模型可以拆分成多个独立的网段或者子网来考察,而且子网符合四种基本工作流结构之一。算法可以发现任何迹与上述过程模型之间的偏差,找到迹与模型之间的对齐。但是只有当迹满足下述假设时,找到的对齐才是满足标准似然代价函数的最优对齐。忽略网模型中存在重复变迁和不可见变迁的情况。假设模型上变迁对应的活动在迹中可以连续重复出现,或者不出现,但是其出现的顺序遵循模型中对应变迁的引发顺序。另外,日志中可以出现模型上没有的活动。

定义 3.9(约束迹) 给定迹 $\sigma=<a_1,a_2,\cdots,a_i,\cdots,a_{|\sigma|}>$和工作流网模型 $N=(P,T;F,\alpha,m_i,m_f)$,若迹满足以下条件,称之为约束迹:① $\exists t_i\in T$,$a'=\alpha(t_i)$,$a'\notin\sigma$;②$\exists a'\in\sigma$,$\forall t_j\in T$,$a'\neq\alpha(t_j)$;③$\exists t_i\in T$,$a'=\alpha(t_i)$,$a_i=a'\wedge a_j=a'\wedge 1\leqslant i<j\leqslant|\sigma|$,$\forall 1\leqslant x<i\vee j<x\leqslant|\sigma|$,$a_x\neq a'$;④变迁 $t_i\in T$ 且 $t_j\in T$,若 t_i 和 t_j 都引发的话,t_i 一定会先于 t_j,若活动 $\alpha(t_i)\in\sigma\wedge\alpha(t_j)\in\sigma\wedge\alpha(t_i)=\#_{activity}(e_i)\wedge\alpha(t_j)=\#_{activity}(e_j)$,则 $\#_{time}(e_i)<\#_{time}(e_j)$(循环结构中

的变迁关系不必受此条件约束)。

当考察的模型和迹都符合上述要求时,MPA 算法可以快速计算出它们之间的所有最优对齐,而且能够发现相似最优对齐,并为每组相似最优对齐找到一个代表项。

针对四种工作流结构[116-117],分析在何种情况下,会产生相似最优对齐;产生相似最优对齐时,偏差个数和相似最优对齐个数之间的关系;在此工作基础上,给出算法计算相似最优对齐的代表项。

3.4.1 顺序结构

网模型满足顺序结构时,给定迹出现以下情况可以实现迹与模型之间的最优对齐:若按照模型的运行,应该引发的变迁标签上标记的活动在迹中未出现;迹中出现的活动在模型中不存在;迹中活动重复出现。其中若迹中活动可以由模型中某个变迁引发,且连续重复出现而导致偏差,则不管偏差出现的位置与个数,均可视为一种情况,产生多个不同最优对齐为相似最优对齐,如图 3-5所示。

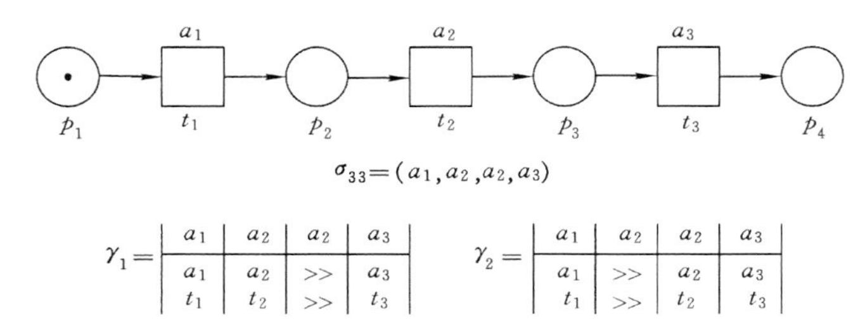

图 3-5 模型 N_{33}、迹 σ_{33}及它们之间的两个最优对齐

假设顺序结构模型 $N=(P,T;F,\alpha,m_i,m_f)$ 中有 $|T|$ 个变迁,且 $a_i=\alpha(t_i)(1\leqslant i\leqslant|T|)$。给定约束迹 $\sigma=<a_1,a_2,\cdots,a_i,\cdots,a_{|\sigma|}>$,对于 $\forall\ |\sigma_{\downarrow\{ai\}}|>1$,共产生 $\prod_{i=1}^{|T|}(|\sigma_{\downarrow\{ai\}}|-1)$ 个最优对齐,而且这些最优对齐之间都是相似的。

接下来,给出算法计算顺序结构工作流网模型与约束迹之间的此类相似最优对齐的代表项。其主要算法思想为运行工作流网模型得到变迁引发序列,由变迁序列得到相应的活动序列。将给定迹中的活动依次与上述活动序列比较,若活动在活动序列中,且在迹中第一次出现,则产生同步移动;若活动在活动序列中,但在迹中不是第一次出现,则产生日志移动;若活动不在活动序列中,则产生日志移动;若活动不是活动序列的当前活动,则活动序列的当前活动产生模型移动。这些移动按顺序组成一个序列,就是要求的相似最优对齐的代表项。

算法 3.2 SA(Sequential Alignment,顺序对齐)算法——顺序结构模型与约束迹之间的最优对齐。

输入:顺序结构工作流网模型 $N=(P,T;F,\alpha,m_i,m_f)$ 及约束迹 $\sigma=<a_1,a_2,\cdots,a_i,\cdots,a_{|\sigma|}>$;

输出:迹 σ 与模型 N 之间的最优对齐的代表项 γ。

步骤:

1. $\gamma \leftarrow <>$; $k \leftarrow 0$;//初始化,将最优对齐序列设置为空

2. $m_i[t_1,t_2,\cdots,t_i,\cdots,t_{|T|}>m_f$; $T' \leftarrow <t_1,t_2,\cdots,t_i,\cdots,t_{|T|}>$;//运行模型,获得变迁引发序列

3. $\lambda \leftarrow \alpha(T')$; $\lambda \leftarrow <\alpha(t_1),\alpha(t_2),\cdots,\alpha(t_i),\cdots,\alpha(t_{|T|})> \leftarrow <a_1',a_2',\cdots,a_i',\cdots,a_{|T|}'>$;//根据 α 映射函数,由变迁序列得到活动序列

4. $a \leftarrow \sigma[1]$; $a' \leftarrow \lambda[1]$; $i \leftarrow 2$; $j \leftarrow 2$;

5. WHILE($i \leqslant |\sigma|$ AND $j \leqslant |\lambda|$) DO//当活动序列和迹中都有活动时,一一对应进行比较

6. {IF($a'=a$) THEN

7. {$\gamma \leftarrow \gamma \oplus <(a,\alpha^{-1}(a'))>$;//产生同步移动

8. $a \leftarrow \sigma[i]$; $i \leftarrow i+1$;

9. WHILE($a'=a$ AND $i \leqslant |\sigma|$) DO

10. {$\gamma \leftarrow \gamma \oplus <(a,>>)>$; $a \leftarrow \sigma[i]$; $i \leftarrow i+1$; $k \leftarrow k+1$;}//产生日志移动

//变量 k 记录了产生相似最优对齐的总项数

11. $a' \leftarrow \lambda[i]$; $a \leftarrow \sigma[j]$; $i \leftarrow i+1$; $j \leftarrow j+1$; CONTINUE;}

12. ELSE

13. {IF($a \notin \partial_{set}(\lambda[|\lambda|-j+1:|\lambda|])$) THEN

14. {$\gamma \leftarrow \gamma \oplus <(a,>>)>$; $a \leftarrow \sigma[i]$; $i \leftarrow i+1$; CONTINUE;}//产生日志移动

15. ELSE

16. {WHILE($j \leqslant |\lambda|$ AND $\lambda[j]=a$) DO

17. {$\gamma \leftarrow \gamma \oplus <(>>,\alpha^{-1}(a'))>$; $a' \leftarrow \lambda[j]$; $j \leftarrow j+1$;}}}}//产生模型移动

18. WHILE($i \leqslant |\sigma|$) DO//若活动序列已读取完,而迹中仍有活动,则将

迹中活动对应生成日志移动，添加到前缀对齐末尾

19.　{$\gamma \leftarrow \gamma \oplus <(a, >>)>$; $a \leftarrow \sigma[i]$; $i \leftarrow i+1$;}//产生日志移动

20. WHILE($j \leqslant |\lambda|$) DO//若迹中已无活动，而活动序列中仍有活动，则将变迁序列中剩余变迁按顺序依次生成对应的模型移动，添加到已有对齐结果末尾

21.　{$\gamma \leftarrow \gamma \oplus <(>>, \alpha^{-1}(a'))>$; $a \leftarrow' \lambda[j]$; $j \leftarrow j+1$;}//产生模型移动

通过分析可知，顺序结构工作流网模型与约束迹之间的所有最优对齐都是相似最优对齐，可选择其中一个作为代表项。SA 算法可计算出该代表项。顺序结构工作流网模型只能生成一个变迁序列，对应着映射到一个活动序列。根据 SA 算法，将活动序列和迹中的活动进行比对，得到最优对齐代表项。在最好的情况下，活动序列和迹中的活动完全相同，此时二者之间的活动对应比较一遍生成同步移动即可，比较次数为$|\sigma|$（此时，$|\sigma|=|T|$）；在最坏的情况下，活动序列和迹中活动不存在交集，此时活动序列中的每个活动需和迹中的各个活动一一进行比较，比较的执行次数为$|\sigma| * |T| + |T|$。因此，该算法的时间复杂度为$O(|\sigma| * |T|)$。

3.4.2　并发结构

具有并发结构的工作流网模型，当与之进行对齐的迹是约束迹时，同样可以分析二者之间相似最优对齐的情况。如同顺序结构，当迹中活动可以由过程模型中某个变迁引发，且连续重复出现在迹中而导致偏差时，会产生多个最优对齐，但它们都是相似最优对齐。

如果变迁之间是并发关系且各变迁对应的活动都已按照某种顺序在给定迹中出现，也就是模型中的并发变迁都全部引发，则不会存在偏差。否则，若只有一个活动未出现在迹中，就会产生多个最优对齐，它们是相似最优对齐。在图 3-6 所示模型 N_{34} 中，如果两个并发状态的变迁所对应的活动均未发生或者只发生一个，则产生的对齐中存在相似最优对齐，如迹 $\sigma_{34}=<a_1, a_4>$和迹 $\sigma_{34}'=<a_1, a_2, a_4>$，其与模型 N_{34}之间的对齐分别如图 3-7、图 3-8 所示。

假设并发结构工作流网模型 $N=(P, T; F, \alpha, m_i, m_f)$中同时并发的变迁有$|T|$个且 $a_i=\alpha(t_i)(1 \leqslant i \leqslant |T|)$，给定约束迹 $\sigma=<a_1, a_2, \cdots, a_i, \cdots, a_{|\sigma|}>$（若 $1 \leqslant i < j \leqslant |\sigma|$，则 $a_i \neq a_j$），共产生$|T|! / |\sigma|!$ 个最优对齐，且这些最优对齐之间都是相似的。

下面给出具体算法，计算此类并发结构工作流网模型与约束迹之间的相似最优对齐的代表项。其主要算法思想为运行一次工作流网模型，记录下变

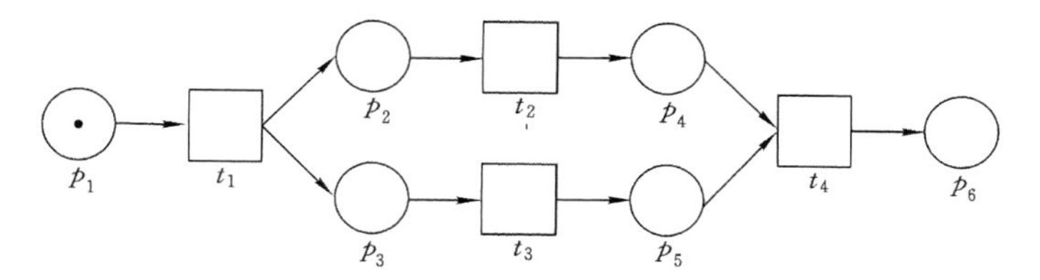

图 3-6 工作流网模型 N_{34}

$\gamma_1=$

a_1	>>	>>	a_4
a_1	a_2	a_3	a_4
t_1	t_2	t_3	t_4

$\gamma_2=$

a_1	>>	>>	a_4
a_1	a_2	a_3	a_4
t_1	t_3	t_2	t_4

图 3-7 模型 N_{34} 与迹 σ_{34} 之间的两个最优对齐

$\gamma_1=$

a_1	a_2	>>	a_4
a_1	a_2	a_3	a_4
t_1	t_2	t_3	t_4

$\gamma_2=$

a_1	>>	a_2	a_4
a_1	a_3	a_2	a_4
t_1	t_3	t_2	t_4

图 3-8 模型 N_{34} 与迹 $\sigma_{34}{}'$ 之间的两个最优对齐

迁引发序列,得到相应的活动序列。将给定迹中的活动依次与活动序列进行比较,若活动在活动序列中,且在迹中第一次出现,则产生同步移动;若活动在活动序列中,但在迹中并非第一次出现,则产生日志移动;若活动不在活动序列中,则产生日志移动;若活动序列中的活动在迹中未出现,则产生模型移动。这些移动按顺序组成一个移动序列,该序列就是要求的相似最优对齐的代表项。

算法 3.3 PA(Parallel Alignment,并行对齐)算法——并发结构模型与约束迹之间的最优对齐。

输入:并发结构工作流网模型 $N=(P,T;F,\alpha,m_i,m_f)$ 及约束迹 $\sigma=\langle a_1,a_2,\cdots,a_i,\cdots,a_{|\sigma|}\rangle$;

输出:迹 σ 与模型 N 之间的最优对齐的代表项 γ。

步骤:

1. $\gamma\leftarrow\langle\rangle$; $k\leftarrow 0$;//初始化

2. $m_i[t_1 t_2\cdots t_i\cdots t_{|T|}\rangle m_f$; $T'\leftarrow\langle t_1,t_2,\cdots,t_i,\cdots,t_{|T|}\rangle$;//运行模型,得到变迁引发序列

3. $\lambda\leftarrow\alpha(T')$; $\lambda\leftarrow\langle\alpha(t_1),\alpha(t_2),\cdots,\alpha(t_i),\cdots,\alpha(t_{|T|})\rangle\leftarrow\langle a_1{}',a_2{}',\cdots,a_i{}',\cdots,a_{|T|}{}'\rangle$;//映射到活动序列

```
4. a←σ[1]; a′←λ[1]; i←i+1;
5. IF(a′=a) THEN
6.    {γ←γ ⊕<(a,α⁻¹(a′))>; a←σ[i]; i←i+1;}
      //迹中活动在迹中第一次出现且在活动序列中,产生同步移动
7. WHILE(i≤|σ| AND a=a′) DO//迹中活动在活动序列中,但在迹中并非第一次出现
8.    {γ←γ ⊕<(a,>>)>; a←σ[i]; i←i+1; k←k+1;}//产生日志移动
      //语句5～语句8对迹中第一个活动,及之后和第一个活动相同的活动进行对齐
      //活动序列中第一个活动和最后一个活动并不是并发的,因此要进行一些额外处理
9. FOR(j←i;j≤|λ|-1;j←j+1) DO f(j)←0;
//为迹中每个活动添加标志位,该活动在迹中第一次出现时标志位为0,否则为1
10. WHILE(i≤|σ| AND a≠λ[|λ|]) DO
11.    {j←2;}
12.       WHILE(a≠λ[j] AND j≤|λ|-1) DO
13.          {j←j+1;}
14.       IF(j>|λ|-1) THEN
15.          {γ←γ ⊕<(a,>>)>; a←σ[i]; i←i+1; CONTINUE;}//产生日志移动
16.       ELSE
17.          {IF(f(j)=0) THEN
18.             {γ←γ ⊕<(a,)>; a←σ[i]; i←i+1; f(j)←1; CONTINUE;}//产生同步移动
19.          ELSE
20.             {γ←γ ⊕<(>>,α⁻¹(a′))>; a←σ[i]; i←i+1; k←k+1;}}}//产生模型移动
21. IF(a=λ[|λ|]) THEN
22.    {γ←γ ⊕<(a,α⁻¹(λ[|λ|]))>; i←i+1;}//产生同步移动
23. WHILE(i≤|σ| AND a=λ[|λ|]) DO//对活动序列中最后一个活动进行处理
```

24.　{γ←γ ⊕<(a,>>)>; a←σ[i]; i←i+1;//产生日志移动

25.　　IF(a=λ[|λ|]) THEN k←k+1;}//变量 k 记录了产生相似最优对齐的总项数

通过分析可知,并发结构工作流网模型与约束迹之间的所有最优对齐都是相似最优对齐,可选择其中一个作为代表项。PA 算法可计算出该代表项。在该算法中,主要进行的操作是将迹中活动与活动序列中的活动一一进行比较。因此,该算法的时间复杂度为 $O(|\sigma| * |T|)$。

3.4.3　选择结构

同样,存在选择结构的工作流网模型也是当要对齐的迹中某个活动连续重复出现时,产生相似最优对齐的情况。但是和顺序结构、并发结构的模型不同之处在于,选择结构工作流网模型中由于存在变迁之间的选择,计算最优对齐时会产生不同种类的相似最优对齐,如图 3-9 所示。

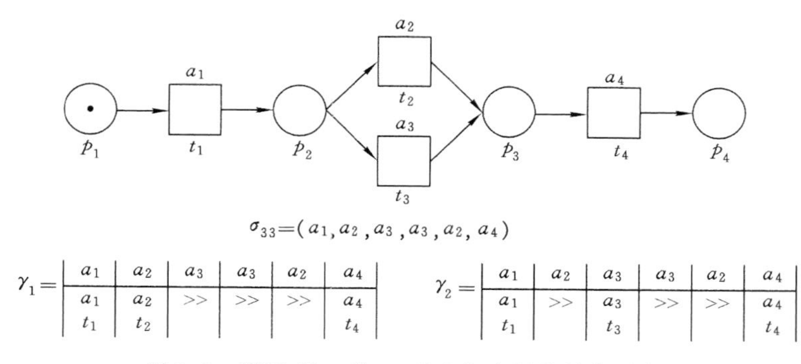

图 3-9　模型 N_{35}、迹 σ_{35} 及它们之间的最优对齐

图 3-9 中 γ_1、γ_2 均为迹 σ_{35} 与模型 N_{35} 之间的最优对齐,但存在移动 $(a_2,t_2)\in\gamma_1 \wedge (a_2,t_2)\notin\gamma_2$,根据定义 3.1 可知,$\gamma_1$、$\gamma_2$ 不是相似最优对齐。活动 a_2 在迹 σ_{35} 中的重复出现使得存在与 γ_1 相似的其他最优对齐,同理活动 a_3 在迹 σ_{35} 中的重复出现使得存在与 γ_2 相似的其他最优对齐。根据定义 3.8 可知,γ_1、γ_2 是迹 σ_{35} 与模型 N_{35} 之间两类相似最优对齐的代表项。

假设选择结构的工作流网模型中有 n 个变迁,考虑每个变迁对应的活动在迹 σ 中出现 $k_i(1\leqslant i\leqslant n)$ 次,若 $\sum_{i=1}^{n} k_i=0$,则会产生 n 组相似最优对齐,每组相似最优对齐中有 $|\sigma|+1$ 个最优对齐;否则,会产生 $\sum_{i=1}^{n}\mathrm{sgn}(k_i)$ 组相似最优对齐,每组相似最优对齐中有 $k_i(k_i\neq 0)$ 个最优对齐。其中,sgn() 为符号函数:若

$k_i = 0$，则 $sgn(k_i) = 0$；若 $k_i > 0$，则 $sgn(k_i) = 1$；若 $k_i < 0$，则 $sgn(k_i) = -1$。

下面给出具体算法，计算选择结构工作流网模型与约束迹之间的所有相似最优对齐的代表项。其算法主要思想为运行工作流网模型，得到互斥的变迁引发序列，变迁相应的活动组成一个互斥活动序列。将互斥活动与给定迹中的活动依次进行比较，若互斥活动中某活动与迹中活动相同，则产生同步移动；迹中其他活动均产生日志活动。若迹中任何活动都未出现在互斥活动序列中，则任取互斥活动中某活动，产生一个模型移动；迹中的活动均产生日志活动。

算法 3.4 CA(Choice Alignment，选择对齐)算法——选择结构模型与约束迹之间的最优对齐。

输入：选择结构工作流网模型 $N=(P,T;F,\alpha,m_i,m_f)$ 及约束迹 $\sigma = <a_1,a_2,\cdots,a_i,\cdots,a_{|\sigma|}>$；

输出：迹 σ 与模型 N 之间的最优对齐的代表项 $\gamma[|T|]$。

步骤：

1. FOR(i←1;i≤|T|;i←i+1) DO
2. 　{γ(i)←<>; n(i)←0;}//初始化
3. T_1←∅; q←1; T′←∅;
4. FOR(i←1;i≤|T|;i←i+1) DO
5. 　{$m_i[t_i>m_f$; T′←<t_i>; T_1←T_1 ⊕<t_i>;//运行模型，得到模型的一个完整变迁引发序列

　　//本算法中考察的选择结构，每个分支只有一个变迁

6. 　IF(α(t_i)∈σ) THEN//判断活动序列中活动是否在迹中
7. 　　{F′←{(m_i,t_i),(t_i,m_f)}; N′←(P,T′;F′,α,m_i,m_f);

//将变迁与其前后集、输入弧、输出弧组成一个顺序结构的子网

8. γ(q)←SA(N′,σ); n(q)←k; q←q+1;}}//调用 SA 算法

　　//变量 q 记录了相似最优对齐的组数，向量 n[q]记录了每组相似最优对齐的项数

9. IF(q=1) THEN//判断迹中任意活动是否都出现在互斥活动序列中
10. {FOR(i←1;i≤|λ|;i←i+1) DO
11. 　{γ(q)←γ(q)⊕<(>>,α^{-1}(a′))>;//任取互斥活动中某活动，产生一个模型移动

12.　　　FOR(j←1;j≤|σ|;j←j+1) DO

13.　　　　{γ(q)←γ(q)⊕<(a,≫)>;}//迹中的活动均产生日志移动

14. n(q)←|σ|+1; q←q+1;}}

通过分析可知,选择结构工作流网模型与约束迹之间的最优对齐未必都是相似最优对齐。CA 算法可计算出每组相似最优对齐的代表项。该算法考察的选择结构,每个分支只有一个变迁。模型中有 $|T|$ 个变迁,则对应着有 $|T|$ 个不同的活动序列且每个活动序列的长度为 1。在算法中,需要将迹中每个活动依次与各个活动序列中唯一的活动进行比较。因此,该算法的时间复杂度为 $O(|\sigma| * |T|)$。

3.4.4 循环结构

对于存在循环结构的工作流网模型,要考察的迹只需满足定义 3.9 的前三条约束条件即可。若工作流网中某个活动在迹中重复出现,则会导致满足条件的迹与循环结构工作流网模型之间存在相似最优对齐,如图 3-10 所示。

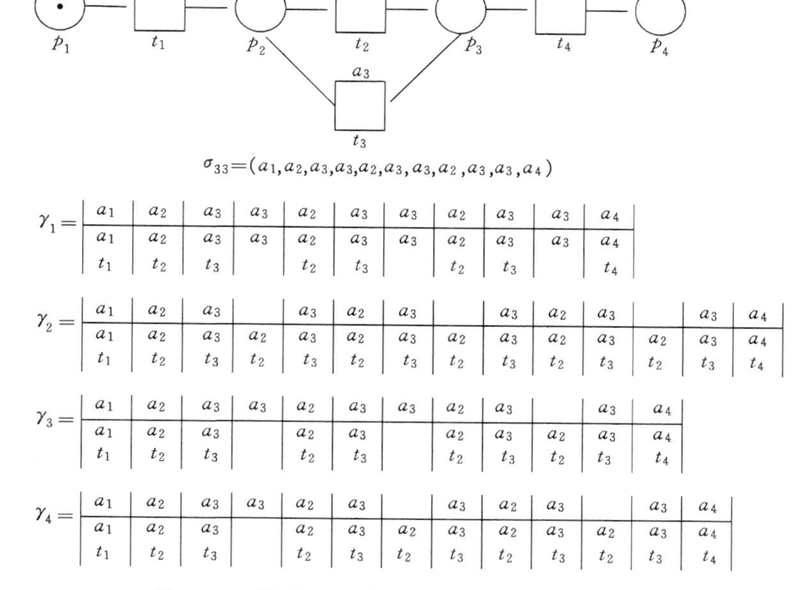

$\gamma_1=$

a_1	a_2	a_3	a_3	a_2	a_3	a_3	a_2	a_3	a_3	a_4
a_1	a_2	a_3	a_3	a_2	a_3	a_3	a_2	a_3	a_3	a_4
t_1	t_2	t_3		t_2	t_3		t_2	t_3		t_4

$\gamma_2=$

a_1	a_2	a_3		a_3	a_2	a_3		a_3	a_2	a_3		a_3	a_4
a_1	a_2	a_3	a_2	a_3	a_2	a_3	a_2	a_3	a_2	a_3	a_2	a_3	a_4
t_1	t_2	t_3	t_2	t_3	t_2	t_3	t_2	t_3	t_2	t_3	t_2	t_3	t_4

$\gamma_3=$

a_1	a_2	a_3	a_3	a_2	a_3	a_3	a_2	a_3		a_3	a_4
a_1	a_2	a_3		a_2	a_3		a_2	a_3	a_2	a_3	a_4
t_1	t_2	t_3		t_2	t_3		t_2	t_3	t_2	t_3	t_4

$\gamma_4=$

a_1	a_2	a_3	a_3	a_2	a_3		a_3	a_2	a_3		a_3	a_4
a_1	a_2	a_3		a_2	a_3	a_2	a_3	a_2	a_3	a_2	a_3	a_4
t_1	t_2	t_3		t_2	t_3	t_2	t_3	t_2	t_3	t_2	t_3	t_4

图 3-10　模型 N_{36}、迹 σ_{36} 及它们之间的最优对齐

图 3-10 中 γ_1 与 γ_2 代表了两大类不同的最优对齐。γ_3 与 γ_4 是相似最

优对齐，除此之外，还有很多和 γ_3 相似的最优对齐。

如果工作流网循环结构中有 n 个变迁，预测迹为其重复执行 m 次得到的活动序列，该情况并不能够简单地把 nm 个变迁看成顺序执行，因为涉及很多活动会重复出现，而位置又不是连续的。其可能出现的相似最优对齐不止一种，因此预测其相似最优对齐的组数及每组中的个数具有一定的困难。但仍可以给出算法计算这种标准结构的工作流网模型与约束迹之间的所有相似最优对齐的代表项。

其算法主要思想为运行工作流网模型，记录引发的变迁序列，并计算其对应的活动序列。根据约束迹中第 4 个条件对迹进行分段，每段迹和活动序列进行对齐，可能会出现以下几种情况：当该段迹中符合条件的活动较少时，活动全部取消，一次都不发生，即本次循环视为未执行；当该段中符合条件的活动较多时，像顺序结构一样进行对齐；该段迹作为最后一次执行循环结构产生的活动序列进行对齐。得到符合条件的所有对齐，判断出相似最优对齐，并从中选择代表项即可。

算法 3.5 LA(Loop Alignment，循环对齐)算法——循环结构模型与约束迹之间的最优对齐。

输入：循环结构工作流网模型 $N=(P,T;F,\alpha,m_i,m_f)$ 及约束迹 $\sigma=\langle a_1,a_2,\cdots,a_i,\cdots,a_{|\sigma|}\rangle$；

输出：迹 σ 与模型 N 之间的最优对齐的代表项 $\gamma[|T|*2^{|\sigma|}]$。

步骤：

1. $m_j \leftarrow m_i$; $f \leftarrow 0$; $t_j \leftarrow$ "$>>$"; $\lambda_1 \leftarrow \langle\rangle$; $\lambda_2 \leftarrow \langle\rangle$;//初始化

2. FOR($j \leftarrow 1$;$j \leqslant |T|$;$j \leftarrow j+1$) DO

3. {IF($m_j \neq m_f$ AND $f=0$) THEN

4. {$f \leftarrow 1$; $\lambda_1 \leftarrow \lambda_1 \oplus \alpha(t_j)$;}

//f 为标志位，1 表示模型第一次运行到结束标识，否则为 0

//λ_1 记录从初始库所到结束库所之间的最短变迁序列对应的活动序列

5. $\lambda_2 \leftarrow \lambda_2 \oplus \alpha(t_j)$;//$\lambda_2$ 记录模型中所有变迁按顺序引发生成的活动序列

6. $m_j \leftarrow m_j[t_i>$;}//运行模型记录两个活动序列

7. $i \leftarrow 1$; $f \leftarrow 0$; $\sigma_i \leftarrow \langle\rangle$; $k \leftarrow 1$;

8. FOR($j \leftarrow 1$;$j \leqslant |\sigma|$;$j \leftarrow j+1$) DO//根据活动序列 λ_2 中活动的顺序对约束迹 σ 进行分段

9. IF($\sigma[j] \notin \lambda_2$) THEN//若迹中当前活动不在活动序列中，则将其加

入当前子迹

10. {σ_i[k]←σ[j]; j←j+1; k←k+1;}

11. ELSE

12. {IF(σ[j]=σ_i[k])} THEN

//若迹中当前活动和子迹中当前活动相同，则为连续重复活动，将其加入当前子迹

13. {σ_i[k]←σ[j]; j←j+1; k←k+1;}

14. ELSE

15. IF(σ[j]∈σ_i) THEN

//若迹中当前活动在子迹中，则该子迹结束，将该活动加入下一条子迹

16. {i←i+1; k←1; σ_i[k]←σ[j]; j←j+1; k←k+1; x_2[i]←1;

17. IF(σ[j]∈λ_1) THEN x_1[i]←1;}

18. ELSE//否则，加入该子迹

19. {σ_i[k]←σ[j]; j←j+1; k←k+1; x_2[i]←x_2[i]+1;}//x_2[i]记录子迹 i 中活动的个数

20. IF(σ[j]∈λ_1) THEN{x_1[i]←{x_1[i]+1;}}//x_1[i]记录活动在 λ_1 中出现的次数

21. n←i+1; σ_0←<>; σ_n←<>; x_1[0]←0; x_1[n]←0; x_2[0]←0; x_2[n]←0;

//接下来，对子迹进行分类标记，z_j为标志位

22. FOR(i←0;i⩽n;i←i+1) DO

23. {k←i; y(k)←0;}

24. FOR(j←1;j⩽n;j←j+1) DO

25. {IF(j<k)} TEHN

26. {IF(x_2[j]<|λ_2|−x_2[j])} THEN

//子迹中活动数小于活动序列中活动数的一半且并非最后一次循环产生时，z_j=1

27. {y(k)←y(k)+x_2[j]; z_j(k)←1;}

28. ELSE//子迹中活动数大于活动序列中活动数的一半时，z_j=2;否则，z_j=3

29. {y(k)←y(k)+|λ_2|−x_2[j];

30. IF(x_2[j]>|λ_2|−x_2[j]) TEHN z_j(k)←2; ELSE z_j(k)←3;}

31. ELSE

32. {IF(j=k) THEN//若子迹和最后一次循环比较，且活动数较多，则 $z_j=4$

33. $\{y(k) \leftarrow y(k)+|\lambda_1|-x_1[j];\ z_j(k) \leftarrow 4;\}$

35. ELSE

36. $\{y(k) \leftarrow y(k)+x_2[j];\ z_j(k) \leftarrow 1;\}\}$

37. $min \leftarrow y(0);$

38. $FOR(i \leftarrow 1; i \leqslant n; i \leftarrow i+1)$ DO

39. $\{IF(y(i) < min)$ THEN $min \leftarrow y(i);\}$

40. $N_1 \leftarrow (P_1, T_1; F_1, \alpha_1, m_{1i}, m_{1f});\ N_2 \leftarrow (P_2, T_2; F_2, \alpha_2, m_{2i}, m_{2f});\ t \leftarrow 0;$
//将 λ_1、λ_2 对应的变迁及相连的弧关系、库所分别生成子网 N_1、N_2

41. $FOR(i \leftarrow 0; i \leqslant n; i \leftarrow i+1)$ DO

//根据子迹的标志位值，选择执行不同的程序段，计算最优对齐

42. $\{IF(y(i)=min)$ THEN

43. $\{f_0 \leftarrow 1;\ k(i) \leftarrow 1;\ FOR(j \leftarrow 1; j \leqslant n; j \leftarrow j+1)\}$ DO

44. $\{SELECT z_j(i)\}$

45. CASE 1: $\{\gamma'_j \leftarrow <>;\ FOR(m \leftarrow 1; m \leqslant |\sigma_i|; m \leftarrow m+1)$ DO $\gamma'_j \leftarrow \gamma'_j \oplus <(\sigma_i[m], >>);\ f_j \leftarrow 1;\}$//产生日志移动

46. CASE 2: $\{\gamma'_j \leftarrow SA(N_2, \sigma_i);\ f_j \leftarrow 1;\}$//调用 SA 算法

47. CASE 3: $\{\gamma'_j \leftarrow <>;\ FOR(m \leftarrow 1; m \leqslant |\sigma_i|; m \leftarrow m+1)$ DO $\gamma'_j \leftarrow \gamma'_j \oplus <(\sigma_i[m], >>);\ \gamma''_j \leftarrow SA(N_2, \sigma_i); f_j \leftarrow 2;\}$//产生日志移动

48. CASE 4: $\{\gamma'_j \leftarrow SA(N_1, \sigma_i);\ f_j \leftarrow 1;\}\}$//调用 SA 算法

49. $k(i) \leftarrow k(i) * f_j;$

50. $IF(f_j=1)$ THEN

51. $FOR(m \leftarrow 1; m \leqslant k(i); m \leftarrow m+1)$ DO $\{\gamma_{t+m} \leftarrow \gamma_{t+m} \oplus \gamma'_j;\}$

52. ELSE

53. $FOR(m \leftarrow 1; m \leqslant k(i)/2; m \leftarrow m+1)$ DO $\{\gamma_{t+m} \leftarrow \gamma_{t+m} \oplus \gamma'_j;\ \gamma_{t+2m} \leftarrow \gamma_{t+2m} \oplus \gamma''_j;\}$

54. $\{t \leftarrow t+f_0;\}$

55. $FOR(i \leftarrow 1; i \leqslant t; i \leftarrow i+1)$ DO//对于相似的最优对齐，只记录一项，作为代表项

56. $FOR(j \leftarrow i+1; i \leqslant t; j \leftarrow j+1)$ DO

```
57.         {IF(sim(γi,γj) THEN {γj←<>;}}
58. FOR(i←1;i≤t;i←i+1) DO
59.   {IF(γi=<>) THEN
60.         FOR(j←i+1;i≤t;j←j+1) DO {γj-1←γj; t←t-1;}}
```

通过分析可知，循环结构工作流网模型与约束迹之间的最优对齐未必都是相似最优对齐。LA 算法可计算出所有相似最优对齐的代表项。该算法思想及执行过程均较为复杂，其中执行次数较多的循环主要执行情况如下：第一个循环（语句 2～语句 6）的功能是计算两个变迁序列对应的活动序列，其复杂度为$|T|$；第二个循环（语句 8～语句 20）根据活动序列 λ_2 中活动的顺序对约束迹 σ 进行分段，需要将迹中活动与活动序列中的活动一一比较，其比较次数为$|\sigma| * |T|$；第三个循环（语句 22～语句 36）根据子迹中活动数目与活动序列中活动数目的比较结果判断子迹的类型，其执行次数为 n^2（n 为子迹数）；第四个循环（语句 41～语句 54）是该算法的主体，其主要功能为根据子迹类型计算子迹与活动序列之间的最优对齐。在最坏情况下，迹中每个活动需要和活动序列中的任意活动一一进行比较，其比较次数为$|\sigma| * |T|$；另外两个循环相对而言循环次数比较少，在此不再考察。因此，该算法的时间复杂度为$O(|\sigma| * |T|)$。

3.4.5 最优对齐的 MPA 算法

目前对某个业务流程建模时，整个业务流程不管多么复杂，基本上都由上述四种典型工作流复合而成。而在本章中，只考虑结构较为单一的工作流网。此类工作流网可以完全划分成单纯的顺序结构、选择结构、并发结构或者循环结构的子网，而且每个子网中都不再包含除顺序结构以外的其他结构。因此，在分析模型与迹时，可以将模型按照上述四种简单网分成子网段，而迹根据网段划分成子迹，然后分段进行分析。得到每一段的最优对齐，组合后可以得到整个网模型和迹之间的最优对齐。

MPA 算法主要算法思想为：先将工作流网模型分段，各子模型为四种基本工作流结构之一，并对给定迹根据工作流网模型的分段情况进行分段，然后根据子模型的结构类型与相应子迹分别调用上述四种算法之一进行对齐。综上所述，MPA 算法分为三个主要步骤：① 模型分段；② 迹分段；③ 子模型与子迹之间的对齐。其中，将模型分段与迹分段作为预处理，对齐部分是算法的主体。

模型分段部分的具体算法思想为：从初始库所开始分析，根据网中流关系的走向，若变迁 t_i 的后集中元素个数大于 1，则从变迁 t_i 的前集 P_i 开始，构成一个并发结构的子网，直至遇到前集元素个数大于1的变迁 t_j 及该变迁的后集 P_j；若库所 p_x 的后集中元素个数大于1，则从该库所开始，构成一个选择结构的子网，直至遇到前集元素个数大于1的库所 p_y；若库所 p_m 的前集中元素个数大于1，则从该库所开始，构成一个循环结构的子网，直至遇到后集元素个数大于1的库所 p_n 或者结束库所 p_f；若库所 p_k 的后集元素个数不大于1，且后集元素变迁 t_z 的后集元素个数为1，则从库所 p_k 开始，构成一个顺序结构的子网，直至遇到前集中元素个数不等于1，或者后集中元素只有一个变迁 t_q 且 t_q 的后集元素大于1的库所 p_l。

根据模型分段算法可知，子网之间可能会共享库所，但是变迁会被划分到不同的子网，即子网之间的变迁集合不存在交集。如此可以保证子网按顺序运行时，变迁的引发顺序以及次数和运行原网产生的变迁引发序列一致。子网未必是合理的工作流网，但子网仍然符合标签 Petri 网系统的定义。

子迹的个数和子模型相同（允许子迹为空迹），且子迹与子模型一一对应，然后二者才可进行对齐。迹分段部分的具体算法思想为：将迹 σ 中的活动 a_i 按顺序依次与子模型 $N_1, N_2, \cdots, N_m$ 中的活动进行比较，若模型 N_j 中有活动与 a_i 同名，则将 a_i 划分到子迹 σ_j 中。

对齐部分的具体算法思想为：对每个子模型 $N_1, N_2, \cdots, N_m$ 与子迹 $\sigma_1, \sigma_2, \cdots, \sigma_m$ 一一对应执行对齐操作。根据子模型 N_i 的结构类型，调用不同的对齐算法：若 N_i 为顺序结构，则调用 SA 算法；若 N_i 为选择结构，则调用 CA 算法；若 N_i 为并发结构，则调用 PA 算法；若 N_i 为循环结构，则调用 LA 算法。

综合模型分段、迹分段与对齐三部分的执行思想，给出工作流网模型与约束迹之间相似最优对齐代表项的算法伪代码，见算法3.6。

算法3.6 MPA 算法——工作流网模型与约束迹之间的对齐。

输入：工作流网模型 $N=(P,T;F,\alpha,m_i,m_f)$ 及约束迹 $\sigma=<a_1,a_2,\cdots,a_i,\cdots,a_{|\sigma|}>$；

输出：迹 σ 与模型 N 之间的最优对齐的代表项 $\gamma[|T|*2^{|\sigma|}]$。

步骤：

1\. m←m

1\. $m \leftarrow m_i$; $k \leftarrow 1$;//初始化，变量 k 记录子模型个数

2\. WHILE($m \neq m_f$) DO

3\. {f(k)←0;}//标志位值记录子模型类型：1为顺序结构；2为并发结构；3为选择结构；4为循环结构

4\. IF($|t^{\cdot}| \neq 1$) THEN

5. {WHILE(|$^{\cdot}$t|≠1) DO N[k]; k←k+1; f(k)←2;}//得到并发结构子网

6. ELSE

7. IF(|p$^{\cdot}$|≠1) THEN

8. {WHILE(|$^{\cdot}$p|≠1) DO N[k]; k←k+1; f(k)←3;}//得到选择结构子网

9. ELSE

10. IF(|$^{\cdot}$p|≠1) THEN

11. {WHILE(|p$^{\cdot}$|≠1) DO N[k]; k←k+1; f(k)←4;}//得到循环结构子网

12. ELSE

13. {WHILE(|p$^{\cdot}$|≤1 AND |t$^{\cdot}$|=1 AND |$^{\cdot}$p|≤1) DO N[k]; k←k+1; f(k)←1;}//得到顺序结构子网

14. FOR(i←1;i≤|σ|;i←i+1) DO

15. FOR(j←1;j≤k−1;j←j+1) DO

16. σ_j//根据工作流网模型划分的子网段对迹进行分段

17 FOR(j←1;j≤k−1;j←j+1) DO

18. SELECTf(j)

19. {CASE 1:γ_k←SA(N[j],σ_j);//若子网为顺序结构,调用SA算法

20. CASE 2:γ_k←PA(N[j],σ_j);//若子网为并发结构,调用PA算法

21. CASE 3:γ_k←CA(N[j],σ_j);//若子网为选择结构,调用CA算法

22. CASE 4:γ_k←LA(N[j],σ_j);}//若子网为循环结构,调用LA算法

23 FOR(j←1;j≤k−1;j←j+1) DO $\gamma\leftarrow\gamma\oplus\gamma_k$;//将每段的相似最优对齐代表项连接起来就可以得到整个迹与模型的相似最优对齐代表项

对于该算法的复杂性问题,将考察的重点放在子网与子迹之间的对齐上。将子模型与子迹的划分作为预处理,其所花费时间不计入统计结果。而子模型与子迹之间的对齐,主要根据子模型的结构类型,分别调用SA算法、PA算法、CA算法、LA算法实现。上述四个子算法的执行情况均与子迹长度和子模型完整变迁引发序列长度的乘积有关。因此,MPA算法的时间复杂度为$O(|\sigma|*|T|)$。

3.5 实例分析与实验仿真

3.5.1 实例分析

以迹 $\sigma_e{}'=$ <login, select items, go cart, go cart, make order, confirm list, submit order, check information, check information>与图 3-1 所示工作流网模型 N_e 为例，根据 MPA 算法计算二者之间的相似最优对齐代表项。

首先，根据工作流网模型 N_e 的结构特点，将模型 N_e 进行分段。按照模型分段部分的算法思想，主要执行流程如下：

(1) 从开始库所 p_1 开始，$|p_1.|\leqslant 1$ 且 $|t_1.|=1$，则从 p_1 开始构成一个顺序结构子网。按照工作流网变迁引发顺序考察模型中的库所和变迁，接下来考察库所 p_2，$|p_2.|\geqslant 1$，则该子网所包含的结点到此结束。第一个子网构造完毕，记作 $N_{e1}=(P_{e1},T_{e1};F_{e1},\alpha_{e1},m_{i,e1},m_{f,e1})$。库所集合 $P_{e1}=\{p_1,p_2\}$，变迁集合 $T_{e1}=\{t_1\}$，流关系集合 $F_{e1}=\{(p_1,t_1),(t_1,p_2)\}$；变迁与活动之间的映射关系 $\alpha_{e1}(t_1)=\text{login}$；$p_{i,e1}=p_1$，$p_{f,e1}=p_2$，初始标识 $m_{i,e1}=\{p_1\}$，结束标识 $m_{f,e1}=\{p_2\}$。

(2) 从库所 p_2 开始考察，$|\cdot p_2|>1$，则从 p_2 开始构成一个循环结构的子网。一直到 p_3，$|p_3.|>1$，则 p_2 与 p_3 之间路径上所有的库所、变迁和弧关系组成第二个子网，记作 $N_{e2}=(P_{e2},T_{e2};F_{e2},\alpha_{e2},m_{i,e2},m_{f,e2})$。库所集合 $P_{e2}=\{p_2,p_3\}$，变迁集合 $T_{e2}=\{t_2,t_3\}$，流关系集合 $F_{e2}=\{(p_2,t_2),(t_2,p_3),(p_3,t_3),(t_3,p_2)\}$；变迁与活动之间的映射关系 $\alpha_{e2}(t_2)=\text{select items}$，$\alpha_{e2}(t_3)=\text{go cart}$；$p_{i,e2}=p_2$，$p_{f,e2}=p_3$，初始标识 $m_{i,e2}=\{p_2\}$，结束标识 $m_{f,e2}=\{p_3\}$。

(3) 变迁 $|t_4.|>1$，则从 t_4 的输入库所 p_3 开始构成一个并发结构的子网。一直到变迁 t_7，$|\cdot t_7|>1$，t_7 的输出库所为 p_8，则 p_3 与 p_8 之间路径上所有的库所、变迁和弧关系组成第三个子网，记作 $N_{e3}=(P_{e3},T_{e3};F_{e3},\alpha_{e3},m_{i,e3},m_{f,e3})$。库所集合 $P_{e3}=\{p_3,p_4,p_5,p_6,p_7,p_8\}$，变迁集合 $T_{e3}=\{t_4,t_5,t_6,t_7\}$，流关系集合 $F_{e3}=\{(p_3,t_4),(t_4,p_4),(t_4,p_5),(p_4,t_5),(p_5,t_6),(t_5,p_6),(t_6,p_7),(p_6,t_7),(p_7,t_7),(t_7,p_8)\}$；变迁与活动之间的映射关系 $\alpha_{e3}(t_4)=\text{make order}$，$\alpha_{e3}(t_5)=\text{confirm list}$，$\alpha_{e3}(t_6)=\text{confirm address}$，$\alpha_{e3}(t_7)=\text{submit order}$；$p_{i,e3}=p_3$，$p_{f,e3}=p_8$，初始标识 $m_{i,e3}=\{p_3\}$，结束标识 $m_{f,e3}=\{p_8\}$。

(4) 库所 $|p_8.|>1$，则从 p_8 开始构成一个选择结构的子网。一直到 p_9，$|\cdot p_9|>1$，则 p_8 与 p_9 之间路径上所有的库所、变迁和弧关系组成第四个子

网，记作 $N_{e4}=(P_{e4},T_{e4};F_{e4},\alpha_{e4},m_{i,e4},m_{f,e4})$。库所集合 $P_{e4}=\{p_8,p_9\}$，变迁集合 $T_{e4}=\{t_8,t_9,t_{10}\}$，流关系集合 $F_{e4}=\{(p_8,t_8),(p_8,t_9),(p_8,t_{10}),(t_8,p_9),(t_9,p_9),(t_{10},p_9)\}$；变迁与活动之间的映射关系 $\alpha_{e4}(t_8)=$cancel order，$\alpha_{e4}(t_5)=$pay online，$\alpha_{e4}(t_6)=$cash on delivery；$p_{i,e4}=p_8$，$p_{f,e4}=p_9$，初始标识 $m_{i,e4}=\{p_8\}$，结束标识 $m_{f,e4}=\{p_9\}$。

(5) 从库所 p_9 开始，$|p_9.|\leqslant 1$ 且 $|t_{11}.|=1$，则从 p_9 开始构成一个顺序结构子网。考察 p_9、t_{11} 之后，到达结束库所 p_{10}，则库所 p_9、p_{10}，变迁 t_{11} 以及它们之间的流关系组成第五个子网，记作 $N_{e5}=(P_{e5},T_{e5};F_{e5},\alpha_{e5},m_{i,e5},m_{f,e5})$。库所集合 $P_{e5}=\{p_9,p_{10}\}$，变迁集合 $T_{e5}=\{t_{11}\}$，流关系集合 $F_{e5}=\{(p_9,t_{11}),(t_{11},p_{10})\}$；变迁与活动之间的映射关系 $\alpha_{e5}(t_{11})=$check information；$p_{i,e5}=p_9$，$p_{f,e5}=p_{10}$，初始标识 $m_{i,e5}=\{p_9\}$，结束标识 $m_{f,e5}=\{p_{10}\}$。

至此，模型 N_e 的分段工作完毕，共划分成五个子模型进行考虑，子模型划分图如图 3-11 所示。经分析，子模型 $N_{e1}\sim N_{e5}$ 的结构特点完全符合本书 3.4 节中讨论的四种工作流网基本结构之一。

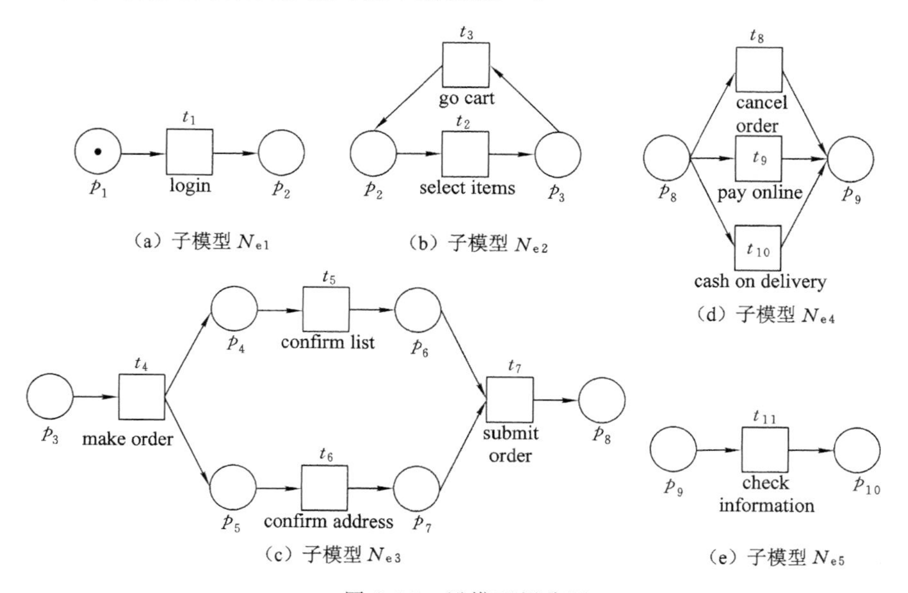

图 3-11　子模型划分图

子网划分后，任何变迁属于且仅属于其中一个子网。又因为模型中不存在重复变迁和不可见变迁，所以模型中变迁上映射的活动在子网中也是唯一的。该例中，各子网之间活动的分布情况如下：$S_\alpha(N_{e1})=\{$login$\}$，$S_\alpha(N_{e2})=$

{select items, go cart}, $S_{\alpha}(N_{e3})$ = {make order, confirm list, confirm address, submit order}, $S_{\alpha}(N_{e4})$ = {cancel order, pay online, cash on delivery}, $S_{\alpha}(N_{e5})$={check information}。其中,函数 $S_{\alpha}(N)$表示模型 N 中所有变迁上映射的活动所组成的集合。

其次,迹 σ_{e}'完全符合约束迹的定义,将迹中活动一一与各子网中活动比较,并保持迹中活动原来的顺序完成迹的划分,组成和子模型对应的子迹。迹 σ_{e}'划分为五个子迹,分别为 σ_{e1}'=<login>,σ_{e2}'=<select items,go cart,go cart>,σ_{e3}'=<make order,confirm list,submit order>,σ_{e4}'=<>与 σ_{e5}'=<check information,check information>。

最后,通过对四种工作流结构模式以及相似最优对齐性质的分析,根据 MPA 算法,子模型与子迹具体对齐过程如表 3-3 所示。

表 3-3　子模型与子迹之间对齐的执行过程

序号	子模型	子迹	模型 结构类型	调用 子算法	变迁 序列	活动 序列	序列 比对结果
1	N_{e1}	σ_{e1}'	顺序结构	SA 算法	<t_1>	<login>	<(login,t_1)>
2	N_{e2}	σ_{e2}'	循环结构	LA 算法	<t_2,t_3>	< select items, go cart>	<(select items,t_2), (go cart, t_3), (go cart,>>)> <(select items,t_2), (go cart,t_3),(>>, t_2),(go cart,t_3)>
3	N_{e3}	σ_{e3}'	并发结构	PA 算法	<t_4,t_5, t_6,t_7>	<make order, confirm list, confirm address, submit order>	<(make order, t_4), (confirm list, t_5), (confirm address, >>), (submit order, t_7)>
4	N_{e4}	σ_{e4}'	选择结构	CA 算法	<t_8> <t_9> <t_{10}>	<cancel order> <pay online> <cash on delivery>	<(>>,t_8)> <(>>,t_9)> <(>>,t_{10})>
5	N_{e5}	σ_{e5}'	顺序结构	SA 算法	<t_{11}>	<check information>	<(check information, t_{11}), (check information,>>)>

经分析，可以得出子迹 $\sigma_{e1}{}'$ 与子模型 N_{e1} 之间存在 1 个最优对齐；子迹 $\sigma_{e2}{}'$ 与子模型 N_{e2} 之间存在 3 个最优对齐，其中 2 个是相似最优对齐，依据 MPA 算法思想可计算得到 2 个不同的最优对齐代表项；子迹 $\sigma_{e3}{}'$ 与子模型 N_{e3} 之间存在 2 个最优对齐且为相似最优对齐，依据 MPA 算法思想可计算得到 1 个最优对齐代表项；子迹 $\sigma_{e4}{}'$ 与子模型 N_{e4} 之间存在 3 个最优对齐且互不相似，依据 MPA 算法思想可计算得到 3 个最优对齐代表项；子迹 $\sigma_{e5}{}'$ 与子模型 N_{e5} 之间存在 2 个最优对齐且为相似最优对齐，依据 MPA 算法思想可计算得到 1 个最优对齐代表项。分段相似最优对齐代表项如图 3-12 所示，子模型/子迹与对齐结果之间的对应关系如表 3-4 所示。

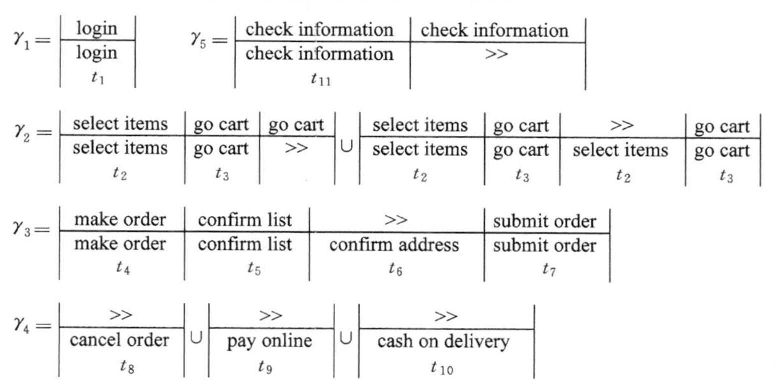

图 3-12　分段相似最优对齐代表项

表 3-4　子模型/子迹与对齐结果的对应关系

序号	子模型	子迹	相似最优对齐组数(每组个数)	最优对齐结果
1	N_{e1}	$\sigma_{e1}{}'$	1(1)	γ_1
2	N_{e2}	$\sigma_{e2}{}'$	2(2,1)	γ_2
3	N_{e3}	$\sigma_{e3}{}'$	1(2)	γ_3
4	N_{e4}	$\sigma_{e4}{}'$	3(1,1,1)	γ_4
5	N_{e5}	$\sigma_{e5}{}'$	1(2)	γ_5

因此，计算迹 $\sigma_e{}'$ 与网模型 N_e 之间的最优对齐时，共会产生 36 个最优对齐，但若计算迹 $\sigma_e{}'$ 与网模型 N_e 之间的最优对齐的代表项时，则只会产生 6 个最优对齐代表项。可见相似最优对齐的考察可以简化计算最优对齐的过程，使得求得的最优对齐个数大量减少，又不会丢失偏差出现位置的信息。

3.5.2 实验仿真

本节给出一些实验结果来评价 MPA 算法，并与 A * 对齐算法进行比较。本节所做的实验基于 ProM 平台[118]，运行 ProM 平台的计算机需要至少具有 Intel Core 3.20 GHz 处理器，1 GB 的 Java 虚拟内存。

本实验采用的工作流网模型为图 3-1 所示的网上购物模型 N_e。引发过程模型的变迁序列生成完全拟合的长度不同的一组迹，每条迹一般包含 5～20 个活动，通过随机在迹中删除和增加活动制造噪声，并对最终生成的迹进行检查及微调，使其符合约束迹的定义。然后，计算所有迹与过程模型的最优对齐。

本实验中采用标准似然代价函数对对齐中出现的偏差进行度量，假设事件日志中出现噪声的比例平均为 5%～30%。每次实验的数据结果都是相同实验做 20 次的平均性能。对 MPA 算法和 A * 对齐算法进行比较，其空间复杂度和时间复杂度比较实验结果分别如图 3-13 和图 3-14 所示。

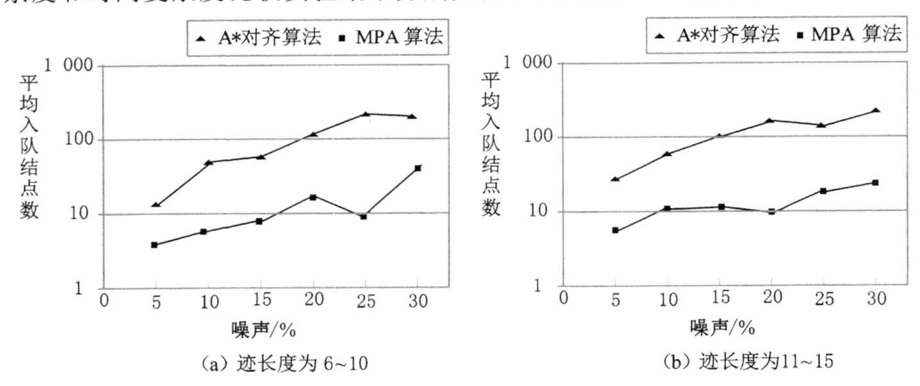

图 3-13 MPA 算法和 A * 对齐算法的平均入队结点数比较

图 3-13 和图 3-14 中，纵轴以指数级规模增长。随着迹长度的增加以及迹中噪声比的增加，无论 MPA 算法还是 A * 对齐算法的复杂程度均会增加。且当噪声比较小时，A * 对齐算法的执行时间会暂时小于 MPA 算法。但是，A * 对齐算法的增长幅度明显高于 MPA 算法。

从对齐结果来看，MPA 算法只计算出相似最优对齐的代表项，缩减了最优对齐集合，却能够体现迹与模型的全部偏差；A * 对齐算法计算迹与模型之间所有的最优对齐，并未对相似最优对齐进行分组处理。从实验中时间及入队结点数的统计结果可以看出，在事件日志中具有相同迹的情况下，MPA 算法无论在占用内存方面还是计算时间方面都比传统 A * 对齐算法更好。

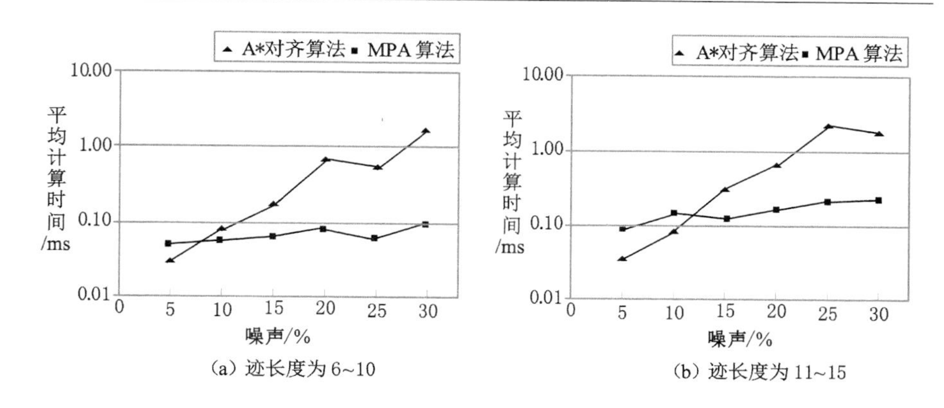

(a) 迹长度为 6~10

(b) 迹长度为 11~15

图 3-14 MPA 算法和 A * 对齐算法的平均计算时间比较

3.6 本章小结

本章首先根据目前较为流行的网上购物流程，建立工作流网模型。之后给定一条迹，得到迹与模型之间的所有最优对齐。通过对最优对齐进行分析，发现它们之间存在一定的相似性，即有些最优对齐之间可以通过交换移动的位置而相互得到。在此分析的基础上，给出了相似最优对齐的定义，并对其性质进行分析得到一系列的定理与推论。然后，将工作流网模型与迹之间的所有最优对齐作为一个集合，得到最优对齐相似关系的定义。该关系是一种等价关系，决定了最优对齐集合的一个划分。同组的相似最优对齐在迹与模型相同位置标记偏差。可选取代表项代表同组相似最优对齐，简化了最优对齐集合，却没有丢失对齐中的偏差信息。根据相似最优对齐的性质对最优对齐进行分类，每一类相似最优对齐具有同样的偏差，方便从更高的层次上对偏差出现的位置和类型进行研究。

对现有的有关最优对齐分组的算法思想进行分析，发现该方法虽然灵活，但是很难真正实现此类相似最优对齐的分组。因此，提出了质数权值算法。其主要算法思想是为出现在最优对齐中的移动分配权值，原则是同步移动的权值为 1，非同步移动的权值为质数，且保证相同的非同步移动权值相同，不同的非同步移动权值互异。将每个最优对齐中的所有移动权值相乘，作为该最优对齐的代价。代价相同的最优对齐是相似最优对齐。此算法适用于模型中无重复变迁的情况。对于该算法的有效性，给出了定理说明。确保最优对齐之间只要代价相同，则两个最优对齐包含的移动多重集相同，只是移动出现的位置不同。算法的空间复杂度较为稳定，为 $O(mn)$，时间复杂度为$O(m^2n^2)$。

在研究四种基本工作流模式的基础上，结合相似最优对齐的性质，给出了MPA 算法。该算法可以实现分段符合基本工作流结构的工作流网模型与约束迹之间的对齐，可以求得模型与迹之间的所有最优对齐代表项。通过实例对 MPA 算法进行分析，验证算法的正确性，并对该算法和 A＊对齐算法在ProM 平台上进行实验仿真。实验结果表明，无论是时间复杂度还是空间复杂度，MPA 算法的性能均优于 A＊对齐算法。

MPA 算法采用了分段策略，能够将大的模型和迹划分成子模型和子迹进行分析，具有一定的可扩展性。过程模型基于合理的工作流网建立，具有严格的语义，能够检测出所有的偏差。MPA 算法处理的过程模型可以包含简单的循环结构，但是不能包含重复变迁、不可见变迁以及一些复杂模式结构。

相似最优对齐的概念虽是在本书中首次给出形式化定义，但其已在精确度度量中得到了应用。因此，相似最优对齐具有一定的应用价值。在进一步的研究中，将把相似最优对齐的性质更深入地应用到合规性检查中，提高合规性检查的效率；提出适用范围更广的算法，实现任意工作流网模型与任意给定迹之间的最优对齐代表项的计算。

4 基于最优对齐树的快速对齐方法

在前一章，给出了一种基于四种基本工作流网模式的计算最优对齐的方法。但是，该方法只能找到每组相似最优对齐中的一个代表项，不能找到所有的最优对齐，且该方法适用于结构化良好的、可以分段的块结构过程模型以及约束迹，因此其适用范围具有一定的局限性。

本章不再考虑最优对齐之间相似性的问题，仅从工作流网模型、迹以及代价函数三个方面进行研究，提出一种适用范围较为广泛、不受工作流网结构特点限制的计算最优对齐的方法。

过程挖掘中，最优对齐的查找是一个 NP-hard 问题，其复杂度较高。而且 Adriansyah 等人提出的 A * 对齐算法的具体执行过程较为复杂，本书提炼出其执行过程如图 4-1 所示。其主要步骤包括：首先，根据给定迹生成一个顺序结构的日志模型，日志模型中变迁之间是全序关系；接下来，计算该日志模型与过程模型的乘积模型；然后，求乘积模型的变迁系统图；最后，利用 A * 对齐算法在变迁系统图中查找出最优对齐。该方法需耗费大量的时间且占用内存也较多。

为了提高计算最优对齐的效率，简化计算最优对齐的步骤，提出一种新的快速计算最优对齐的方法——OAT（Optimal Alignment Tree，最优对齐树）方法。通过该方法可以得到给定迹和工作流网模型的一棵最优对齐树。该方法旨在动态观察迹中事件的同时，运行工作流网模型，将迹中当前观察到的事件与模型中引发变迁对应的活动进行比对。根据预期比对结果得到不同的移动、代价值，记录迹与模型的当前状态。该方法能够简化计算最优对齐的步骤，生成树中从初始结点到终止结点之间的路径就对应的迹与模型之间的一个最优对齐。其具体执行流程如图 4-2 所示。

本章主要内容安排如下：

4.1 节通过一个简单实例介绍了 OAT 方法的具体算法思想以及执行流程。其主要算法思想为：在运行网模型和观察迹的同时，进行模型中活动和迹中事件的比对，根据比对结果确定模型和迹的状态，从而生成一棵最优对齐

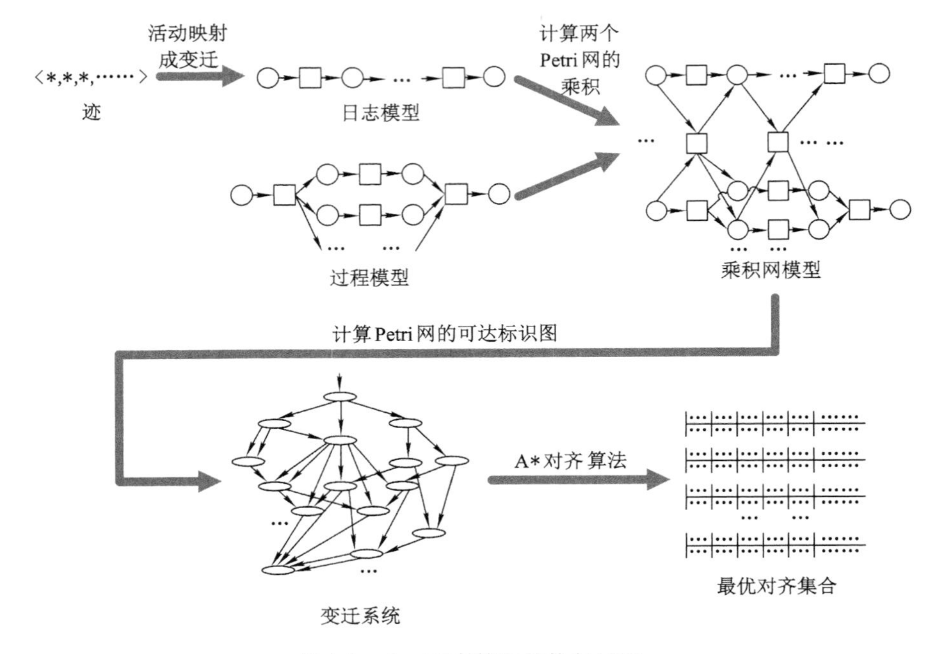

图 4-1　A＊对齐算法的执行过程

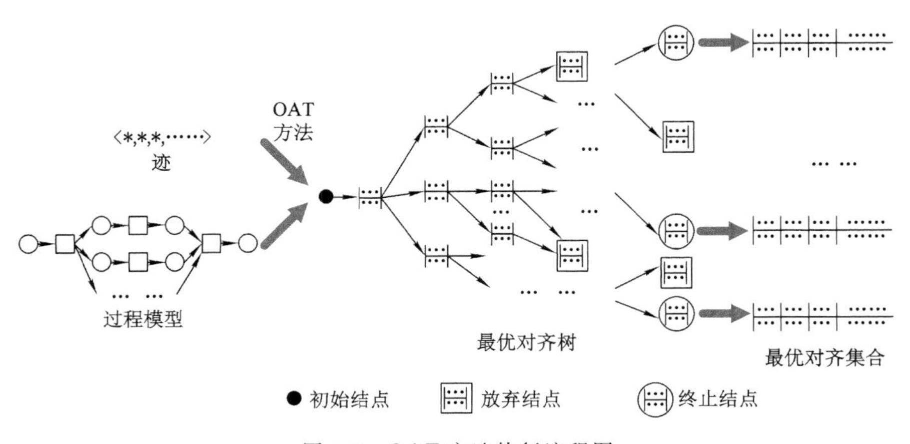

图 4-2　OAT 方法执行流程图

树;该树每个结点包含了模型和迹的当前情况,以及二者比对的结果。

4.2 节给出了基于最优对齐树计算最优对齐的方法。该树中从初始结点到任一终止结点的路径均包含了一个最优对齐,从初始结点到所有终止结点的路径对应着所有的最优对齐。

4.3 节对最优对齐树的性能进行了分析，提出相同结点共享的方法化简最优对齐树，使其成为最优对齐树化简图；另外，考察了该生成树的深度和宽度，从而确定了该树的复杂程度。

4.4 节基于 ProM 平台进行了仿真实验，验证了 OAT 方法在处理人工模型与事件日志时的优越性。

4.5 节讨论了 OAT 方法适用的过程模型与迹的特点，说明了该方法的局限性。由于该方法生成的最优对齐树中包含结点过多，因此比较适合于处理书中已讨论的较小模型和较短的迹。

4.6 节对本章工作进行总结和展望。为了进一步提高该方法的应用价值，可以继续扩大模型考察范围，以便发现更多适用的模型和迹。

4.1 OAT 方法的执行过程分析

4.1.1 最优对齐树的运行实例

通过一个简单的运行实例介绍最优对齐树，如图 4-3 所示。图 4-3 中包含了三部分内容：(a) 过程模型 N_{41}；(b) 迹 σ_{41}；(c) N_{41} 和 σ_{41} 之间的最优对齐树 O_{41}。最优对齐树中，首个结点即树的根结点，称之为初始结点，由三要素进行标记：① 过程模型中包含托肯的库所集合；② 迹中即将被观察的事件；③ 当前代价值。树中其他结点除了记录上述三要素外，还记录了比对工作流网运行产生的活动和迹中观察到的事件后可能会产生的移动。叶子结点中带有“ * ”标记的结点为终止结点，它对应着一个最优对齐：从初始结点到任意一个终止结点，所经路径的结点上标记的移动组成的序列就产生一个最优对齐。未有“ * ”标记的叶子结点为放弃结点，其代价值大于终止结点，意味着这些结点永远无法得到最优对齐。

最优对齐树的主要执行思想如下：当迹在模型上重演时，根据迹中当前事件与模型中可引发变迁之间的关系，可能会出现三种状态：① 迹中观察到的事件并未在模型中运行，将产生一个日志移动；② 模型中的变迁引发一个活动但与当前迹中事件不匹配，由此产生一个模型移动；③ 如果当前模型中变迁引发得到的活动与迹中事件相同，将产生一个同步移动。模型的初始运行状态是在初始库所中有一个托肯，其他库所中无托肯；迹的初始状态是即将观察迹中的第一个事件。

在上述思想指导下，不断运行模型 N_{41} 并观察迹 σ_{41}，比对模型产生的活

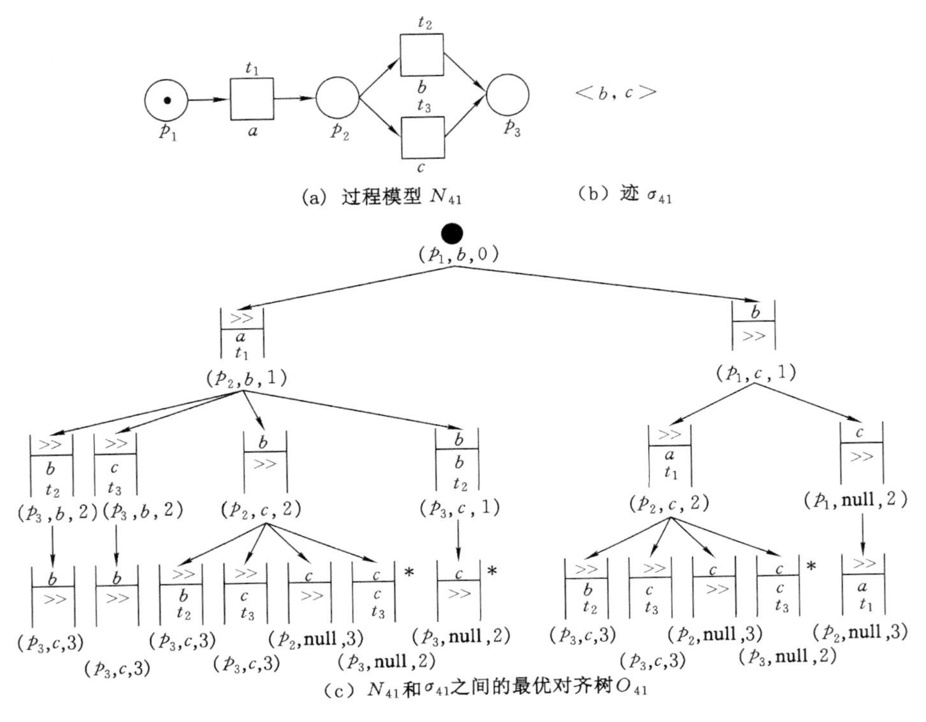

(a) 过程模型 N_{41}　　(b) 迹 σ_{41}

(c) N_{41}和σ_{41}之间的最优对齐树O_{41}

图 4-3　最优对齐树的简单实例

动与迹中的事件，并记录当前状态，可得到一个最优对齐树。根据该思想，图4-3(c)所示最优对齐树的主要生成步骤如下：

(1) 在初始情况下，过程模型 N_{41} 在初始库所 p_1 中有一个托肯；迹 σ_{41} 中即将被观察到的事件是迹中的第一个事件 b；此时，还未产生任何对齐代价，其代价值为 0。因此，初始结点可记作(p_1, b, 0)。

(2) 模型 N_{41} 的库所 p_1 中有一个托肯，则变迁 t_1 可以引发。若 t_1 引发，但迹 σ_{41} 中未执行观察操作，将产生一个模型移动(>>, t_1)。t_1 引发后，托肯从库所 p_1 流入库所 p_2，生成一个新结点标记为(>>, t_1)&({p_2}, b, 1)，其为初始结点的一个子结点。

(3) 在初始结点({p_1}, b, 0)状态下，如果观察了迹 σ_{41} 中的事件，而模型 N_{41} 中的任何变迁都没有引发，则产生一个日志移动(b, >>)。模型保持了原来的初始状态，托肯仍保留在库所 p_1 中。迹 σ_{41} 中的下一个即将被观察的事件为 c。根据上述分析可知，初始结点存在另一个子结点标记为(b, >>)

&({p_1},c,1)。

(4) 当前状态为(>>,t_1)&({p_2},b,1)时，模型 N_{41} 中的变迁 t_2 和 t_3 都满足引发条件，而迹 σ_{41} 中当前事件为 b。类似上述步骤分析，该状态至少包括三个子结点，分别为模型移动对应的(>>,t_2)&({p_3},b,2)、(>>,t_3)&({p_3},b,2)和日志移动对应的(b,>>)&({p_2},c,2)。除此之外，因为变迁 t_2 标记的活动名为 b，和迹 σ_{41} 中当前事件同名，所以模型运行和观察迹可以同时进行，从而产生同步移动(b,t_2)。该情况下，模型运行后，托肯流入库所 p_3；迹准备读取下一个事件 c；同步移动产生的代价值为 0，当前代价值保持不变。因此，产生相应子结点标记为(b,t_2)&({p_3},c,1)。

(5) 当前状态为(b,>>)&({p_1},c,1)时，过程模型 N_{41} 中变迁 t_2 可以引发，迹 σ_{41} 中当前事件为 c。对比模型的运行情况和迹的观察情况，当前结点包含两个子结点，分别为(>>,t_1)&({p_2},c,2)和(c,>>)&({p_1},null,2)。

(6) 在所有叶子结点中，选择代价值最小的结点(b,t_2)&({p_3},c,1)，作为当前结点。参数{p_3}说明模型已经运行结束，即只有结束库所中有托肯且没有任何变迁可以引发；参数 c 是迹中下一个被观察到的事件；目前，只可能观察迹中的事件，而模型不能继续运行。此条件下，只会产生一个子结点，即(c,>>)&({p_3},null,2)。此结点的状态显示模型已经运行结束，迹中无任何未观察事件，且其代价值不高于任何其他叶子结点，说明该结点为终止结点。将该结点中模型、迹及代价值的取值称之为终止状态。本结点是在此次分析中得到的第一个终止结点。

从初始结点到该终止结点的路径上，每个结点上所标注的当前移动组成的序列就是一个最优对齐。

(7) 为了得到所有的最优对齐，考察树中所有代价值和终止结点相同的叶子结点。若当前叶子结点的子结点到达终止状态，则该子结点为终止结点。如果该子结点未到达终止状态，但其代价值高于终止状态的代价值，则其为放弃结点。无论是终止结点还是放弃结点，都无须继续考察其子结点。例如，结点(>>,t_1)&({p_2},c,2)的子结点(c,t_3)&({p_3},null,2)是终止结点，而结点(>>,t_1)&({p_2},c,2)的子结点(>>,b)&({p_3},c,3)是放弃结点。

无论是终止结点，还是放弃结点，都无须继续计算其子结点。因为，终止结点代表着模型运行结束及迹观察完毕，是对齐的最终状态，计算无法继续往下执行；而对于放弃结点，虽然此时模型未必运行结束，迹也未必观察完毕，但是其代价值已经超过了终止结点的代价值，其子结点的代价值只会增加，因此无论在此基础上如何执行下去，永远不可能得到最优对齐。所以，最优对齐树的计算过程到此为止即可。

通过上述分析，生成模型 N_{41} 与迹 σ_{41} 之间的最优对齐树 O_{41}。依次输出该树中初始结点到某个终止结点路径上每个结点标记的当前移动，可以得到迹与过程模型之间的一个最优对齐。输出该树中初始结点到所有终止结点路径上的每个结点标记的当前移动，就得到迹与过程模型之间的所有最优对齐。其路径与最优对齐之间的对应关系如表 4-1 所示。

表 4-1　树 O_{41} 中路径与最优对齐之间的对应关系

序号	路径	最优对齐
1	$<(\{p_1\},b,0),(>>,t_1)\&(\{p_2\},b,1),(b,>>)\&(\{p_2\},c,2),(c,t_3)\&(\{p_3\},\text{null},2)>$	$<(>>,t_1),(b,>>),(c,t_3)>$
2	$<(\{p_1\},b,0),(>>,t_1)\&(\{p_2\},b,1),(b,t_2)\&(\{p_3\},c,1),(c,>>)\&(\{p_3\},\text{null},2)>$	$<(>>,t_1),(b,t_2),(c,>>)>$
3	$<(\{p_1\},b,0),(b,>>)\&(\{p_1\},c,1),(>>,t_1)\&(\{p_2\},c,2),(c,t_3)\&(\{p_3\},\text{null},2)>$	$<(b,>>),(>>,t_1),(c,t_3)>$

4.1.2　最优对齐树的定义

最优对齐树的结构特点非常符合数据结构中树的概念，但又具有某些特殊属性。除了根结点以外，每个结点均具有两个属性。一个属性是移动，显示了迹与过程模型当前对齐结果。另一个属性包含了三个要素，分别是：① 过程模型中包含托肯的库所集合；② 迹中即将被观察的事件；③ 衡量偏差数的当前代价值。

为了更加清晰地说明最优对齐树的概念，下面给出一些与其相关的定义对最优对齐树进行形式化描述。

假定 A 是一个活动集合。$N=(P,T;F,\alpha,m_i,m_f)$ 是一个合理的工作流网，其中 P 是一个有限库所集合，T 是一个有限变迁集合，$F\subseteq(P\times T)\cup(T\times P)$ 是一个有限流关系集合，$\alpha:T\rightarrow A^{>>}$ 是一个变迁到活动标签的映射函数。$\sigma=<a_1,a_2,\cdots,a_n>$ 是集合 A 上的一条迹。符号“>>”代表在移动中没有相应的活动或者变迁。$A^{>>}=A\cup\{>>\}$ 标记集合 A 和 $\{>>\}$ 的并集。$T^{>>}=T\cup\{>>\}$ 标记集合 T 和 $\{>>\}$ 的并集。符号“NULL”代表无移动。指定特殊符号“null”作为迹 σ 的最后一个元素，表示迹 σ 的结束。N^{0+} 表示包含 0 和所有正整数的集合。定义 $n_{\max}\in N^{0+}$，用来表示最优对齐的代价值。

定义 4.1(当前移动) 当前移动(Current Move)是一个由活动与变迁组成的序偶,记作 μ,则有 $\mu=\text{NULL}$ 或者 $\mu=(a,t)$。其中 $a\in A^{>>}$ 且 $t\in T^{>>}$。

当前移动 μ 是一个合法移动。如图 4-3 所示,在最优对齐树生成过程中,每一步都会得到一个当前移动,显示了迹中被观察的事件和模型中引发的变迁。当前移动包含四类,分别是:① 若 $\mu=\text{NULL}$,则为无移动;② 若 $a\in A$ 且 $t=>>$,则为日志移动;③ 若 $a=>>$ 且 $t\in T$,则为模型移动;④ 若 $a\in A$ 且 $t\in T$,则为同步移动。此四类移动均被认为是合法移动。当前移动不可以是非法移动。如移动(>>,>>),或者 $a\notin A$、$t\notin T$ 的移动均为非法移动。在所有的当前移动中,日志移动和模型移动对齐的代价值分别增加 1,而无移动和同步移动对代价值没有影响。

一个移动序列称为合法的移动序列当且仅当该序列只包含合法移动。对齐是合法的移动序列。

定义 4.2(状态属性) 状态属性(State Attribute)是一个三元组,记作 $\omega=(P',a,n)$。其中 $P'\subseteq P$,$a\in A\cup\{\text{null}\}$ 且 $n\in N^{0+}$。

如图 4-3 所示,模型中变迁引发或者迹中事件被观察都将产生一个当前移动。因此,当前移动的发生必然会导致模型中托肯所在库所的改变以及迹中当前事件发生改变。换言之,当前移动的发生使得模型或者迹到达一种新的状态。状态由三个要素进行标记,称之为状态属性。状态属性包括库所子集、事件和代价值,分别代表了模型、迹和对齐的当前状态。在模型中,尤其是在带有并发结构的模型中,多个库所可能同时具有托肯,因此状态属性的第一个要素以集合的形式表示。而迹中事件之间是完全顺序结构,在同一时刻只能有一个事件被观察到,因此状态属性的第二个要素以单个事件的形式表示即可。当迹中所有事件均被观察完毕,符号“null”就表示观察迹操作的结束。“null”符号的定义,使得对于迹中事件的处理可以统一进行。代价值是模型和迹在对齐过程中运行到某个状态下所产生的代价,其与偏差数和代价函数有关系。

其实,根据当前移动的取值,可以推测出状态属性的改变。如果当前移动是日志移动,则状态属性中库所集保持不变,但事件及代价值与前一状态相比较均发生改变;如果当前移动是模型移动,则状态属性中事件保持不变,但库所集和代价值发生改变;如果当前移动是同步移动,则状态属性中代价值保持不变,但库所集和事件发生改变。当前移动对状态属性的影响如表 4-2 所示。

表 4-2　当前移动对状态属性的影响

序号	当前移动	状态属性		
		库所集	事件名	代价值
1	日志移动	保持不变	改变	改变
2	模型移动	改变	保持不变	改变
3	同步移动	改变	改变	保持不变

因此,状态属性作为一个有序三元组,不仅显示了模型的运行情况与迹的观察情况,还说明了二者之间的对齐情况。状态属性所组成的序列,其第一列元素的投影反映了模型的运行情况,第二列元素的投影反映了迹的观察情况,第三列元素的投影反映了代价值的递增情况。

如图 4-3(c)所示,当前移动与状态属性二者的取值情况决定了对齐过程中的一个状态,称之为对齐结点。接下来,给出其详细定义。

定义 4.3(对齐结点)　对齐结点(Alignment Node)是一种由当前移动和状态属性进行标记的存储结点,记作 $\nu_a=\mu\&\omega$。

对齐结点由两部分元素组成,一是当前移动,二是状态属性。因此,每个对齐结点不仅包含了当前移动,还包含了模型当前状态、迹中当前事件以及当前代价值等信息。对齐结点是最优对齐树的重要组成部分。

集合 V_a 包含所有合法对齐结点,即 $\forall\nu_a\Rightarrow\nu_a\in V_a$ 成立。如图 4-3(c)所示,最优对齐树中有三种类型的对齐结点,各类结点具有各自特点的取值,包含了不同的含义。

定义 4.4(初始结点)　初始结点(Initial Node)是表示对齐工作开始的一个对齐结点,记作 $\nu_i=\mu\&\omega\in V_a$,其中 $\mu=\text{NULL}$ 且 $\omega=(\{m_i\},a_1,0)$。

如图 4-3(c)所示,对齐结点集中有且仅有一个初始结点。该结点意味着迹 $\sigma=<a_1,a_2,\cdots,a_n,\text{null}>$ 与模型 $N=(P,T;F,\alpha,m_i,m_f)$ 之间一个完整对齐的开始状态。初始情况下,没有移动产生,因此当前移动取值为 NULL。由于还无任何移动,所以相应的代价值也未产生,其值为 0。模型中托肯还保留在初始库所 $\{m_i\}$ 中,而迹中第一个事件 a_1 即将被观察。因此,初始结点的状态属性取值为 $(\{m_i\},a_1,0)$。

定义 4.5(终止结点)　终止结点(Final Node)是表示对齐工作结束且对应一个最优对齐的对齐结点,记作 $\nu_f=\mu\&\omega\in V_a$。其中,$\mu\in\{(\text{null},>>)\}\cup(\bigcup_{\forall tf\in\cdot mf}\{(>>,tf)\})\cup(\bigcup_{\forall tf\in\cdot mf}\{(\text{null},tf)\})$ 且 $\omega=(\{m_f\},\text{null},n_{max})$。

如图 4-3(c)所示，对齐结点集中可能会包含多个终止结点。每个终止结点均意味着迹 $\sigma=<a_1,a_2,\cdots,a_n,\mathrm{null}>$ 与模型 $N=(P,T;F,\alpha,m_i,m_f)$ 之间一个完整对齐的结束状态。在结束状态下，模型中的托肯到达了结束库所 $\{m_f\}$。迹中原有的全部事件均已被观察到，因此下一个要观察的迹中事件是人为添加的表示迹结束的事件 null。另外，因为终止结点意味着能够找到一个最优对齐，所以其代价值应该是所有对齐中代价值最小的，使用 $n_{\max}$ 来进行标记。因此，终止结点的状态属性取值为($\{m_f\}$,null,$n_{\max}$)。

终止结点上标记的移动是整个最优对齐过程中的最后一个移动。该移动发生后，模型到达结束状态，迹中有效事件也都观察完毕。若最后一个移动为日志移动，则事件应该为迹中最后一个有效事件，移动为(null,>>)；若最后一个移动为模型移动，则模型中变迁的引发使得托肯到达结束库所 $\{m_f\}$，此时引发的变迁属于 $\{m_f\}$ 的前集，则可能产生的移动集合为 $\bigcup_{\forall tf\in {}^{\bullet}mf}\{(>>,tf)\}$；若最后一个移动是同步移动，则模型和迹同时到达结束状态，此时可能产生的移动属于集合 $\bigcup_{\forall tf\in {}^{\bullet}mf}\{(\mathrm{null},tf)\}$。

终止结点集合 V_f 包含了所有可能出现的合法终止结点，即 $\forall\nu_f\Rightarrow\nu_f\in V_f$ 成立。

定义 4.6(放弃结点)　放弃结点(Discarded Node)是一类无法到达最优对齐状态而直接放弃继续考察的结点，记作 $\nu_d=\mu\&\omega\in V_a$，其中 $\mu=(a,t)$ 且 $\omega=(P',a,n_{\max}+1)$。

放弃结点意味着系统永远无法到达最优对齐状态。因此，即使在对齐结点状态下，模型没有运行结束或者迹没有观察完毕，也没有必要在此类结点的基础上继续对齐观察到的行为和模型行为。对于此类结点，无论其当前移动的取值以及模型和迹的当前状态为何值，其代价值肯定高于最优对齐的代价值。如图 4-3(c)所示，因为代价函数采用标准似然代价函数，其日志移动和模型移动的代价值均为 1、同步移动的代价值为 0，所以高于最优对齐代价值的下一个值为 $n_{\max}+1$。使用放弃结点来终止其所在路径上对齐工作的继续执行，即继续执行下去也无法找到最优对齐，其所在的分支可以直接放弃。

定义集合 V_d 包含所有的合法放弃结点，即 $\forall\nu_d\Rightarrow\nu_d\in V_d$ 成立。

在形式化定义了对齐结点、初始结点、终止结点和放弃结点等概念的基础上，给出最优对齐树的定义。如图 4-3(c)所示，在最优对齐树中，根结点只包含状态属性。在接下来的描述中，为了将所有结点统一处理，赋予根结点当前移动值为 NULL，表示无移动。其他结点同样包括两个要素，一是当前移动，二是状态属性。换言之,最优对齐树满足以下三个条件:① 所有结点都是对齐结点;② 根结点是初始结点;③ 叶子结点是终止结点或者放弃结点。

定义 4.7(最优对齐树) 迹 σ 与过程模型 N 之间的最优对齐树是一棵记作 $O=(K,R)$的树。其中,K 是有限结点集合,R 是结点之间的有限关系集合,且 K 中结点需满足以下条件:

(1) $K\subseteq V_a$;

(2) 根结点 $k_0=\nu_i$;

(3) 叶子结点集合 $K_l\subseteq V_f\cup V_d$。

在给出最优对齐树形式化定义的基础上,接下来描述最优对齐树的具体生成过程。并在理解最优对齐树结构特点的基础上,理解其与最优对齐的对应关系,给出查找最优对齐的算法。

4.1.3 最优对齐树的生成

在 4.1.1 节中,以简单过程模型 N_{41}与迹 σ_{41}为实例,描述了过程模型与迹之间最优对齐树的具体生成过程。根据其执行过程,可以总结出生成最优对齐树的详细步骤。给定迹与工作流网模型,算法的主要思想如下:第一步,查看过程模型中托肯所在的库所,模拟工作流网的运行,得到可以引发的变迁,与此同时读取迹中当前事件。第二步,比对迹中当前事件与模型中引发变迁产生的活动,根据二者的关系决定流程的走向。若二者相同,则迹被观察和模型运行可同时进行,产生同步移动及新的状态属性,否则不可能产生同步移动。除此之外,无论比对结果如何,皆可存在以下两种情况:若迹被观察而模型没有运行,则产生日志移动及新的状态属性;若迹未被观察而模型运行,则产生模型移动及新的状态属性。重复上述操作,直至模型运行结束且迹被观察完毕,或者当前状态的代价值高于最优对齐代价值。

首先,给出算法中需要的数据结构的声明及相关变量的定义如下:

currentnode:变量,当前访问结点。

newnode:变量,暂时存储新生成的结点。

node.flag:结点 node 类型标识,若结点为终止结点,则值为 final;若结点为放弃结点,则值为 discarded;其他结点无须标注。

move:当前移动。

cost:最优对齐代价值。

queue:数组,存储最优对齐树结点的优先队列。

(P_x,a_y,c):状态属性,其中 P_x是库所集合 P 的子集。

算法 4.1 生成一棵最优对齐树。

输入：过程模型 $N=(P,T;F,\alpha,m_i,m_f)$ 和迹 $\sigma=<a_1,a_2,\cdots,a_n>$。

输出：最优对齐树 $O=(K,R)$。

初始化：$\sigma \leftarrow \sigma \oplus <null> \leftarrow <a_1,a_2,\cdots,a_n,null>$；$cost \leftarrow +\infty$；$queue \leftarrow \varnothing$；$K \leftarrow \varnothing$；$R \leftarrow \varnothing$。

步骤：

1.$\nu_i \leftarrow NULL\&(\{m_i\},a_1,0)$；//创建初始结点

2.queue[1]$\leftarrow \nu_i$；//将初始结点入队

3.K$\leftarrow\{\nu_i\}$；//初始结点放入树结点集合中

4. currentnode$\leftarrow \nu_i$；//初始情况下，将初始结点作为当前结点

5. WHILE(queue$\neq\varnothing$) DO

6. {$P_x \leftarrow \pi_1$(currentnode.ω)； $a_y \leftarrow \pi_2$(currentnode.ω)； $c \leftarrow \pi_3$(currentnode.ω)；

//通过投影，分别得到当前状态的三个要素

7. IF($P_x=\{m_f\}$ AND a_y=null) THEN//满足该条件，则当前结点为结束结点

8. {currentnode.flag$\leftarrow$final；//标记该结点为结束结点

9.cost$\leftarrow$c；//将代价值 c 作为最优对齐代价值 cost}

10. ELSE

11. {IF($P_x\neq\{m_f\}$) THEN//模型未到达结束状态，可能产生模型移动

12. FOR($\forall t_{xj}\in T\wedge P_x[t_{xj}>$) DO//考察模型中此时所有可以引发的变迁

13. {IF($\alpha(t_{xj})\neq$"τ") THEN

14.newnode$\leftarrow$($\gg$,t_{xj})&($P_x[t_{xj}>$,a_y,c+1)；//普通变迁被引发产生的新结点

15. ELSE

16.newnode$\leftarrow$($\gg$,t_{xj})&($P_x[t_{xj}>$,a_y,c)；//不可见变迁引发时，不改变代价值

17.K$\leftarrow$K$\cup$\{newnode\}；

18. queue[|queue|+1]$\leftarrow$newnode；

//将新生成结点放入树结点集合，并入队优先队列

19.R$\leftarrow$R$\cup$\{(currentnode,newnode)\}；//当前结点与新结点的关系入边集合}

```
20.        IF(a_y≠null) THEN//迹未到达表示结束的活动,会产生日志移动
21.          {newnode←(a_y,>>)&(P_x,a_{y+1},c+1);
22.           K←K∪{newnode};
23.queue[|queue|+1]←newnode;
24.           R←R∪{(currentnode,newnode)};}
25.        FOR(∀t_xj∈T∧P_x[t_xk>) DO//考察模型中此时所有可以引发的变迁
26.          {IF(a_y=α(t_xk)) THEN
//迹中活动和模型中可引发变迁映射的活动相同时,产生同步移动
27.             {newnode←(a_y,t_xk)&(P_x[t_xk>,a_{y+1},c);
28.              K←K∪{newnode};
29.              queue[|queue|+1]←newnode;
30.R←R∪{(currentnode,newnode)};}}
31.        FOR(i←1;i<|queue|;i++) DO queue[i]←queue[i+1];
//将队首元素,即当前结点从队列中删除
32.        FOR(i←1;i<|queue|;i++) DO
33.          FOR(j←1;j≤|queue|-i+1;j++) DO
34.             IF(queue[j]>queue[j+1]) THEN queue[j]↔queue[j+1];
//按代价值递增的顺序为队列元素重新排序}
35.      WHILE(queue≠∅) DO
36.        {currentnode←queue[1];//取队首元素作为当前结点
37.         IF(π_3(currentnode.ω)>cost) THEN
             //判断当前结点的代价值是否大于最优对齐的代价值
38.            {currentnode.flag←discarded;//将当前结点标注为放弃结点
39.             FOR(i←1;i<|queue|;i++) DO queue[i]←queue[i+1];//元素出队
40.             CONTINE;}//取下一个结点进行判断
41.         ELSE
42.             BREAK;}//结束内循环,继续对当前结点进行判断}
43. RETURNO;//返回最优对齐树
```

上述算法即为最优对齐树生成算法，称之为 OAT 方法。OAT 方法的时间复杂度和空间复杂度显然和迹的长度以及模型的复杂程度有关系，是一个 NP-hard 问题。

4.2 最优对齐的查找算法

最优对齐树是一个包含了最优对齐，而且是全部最优对齐的存储空间。接下来的工作是在存储空间上查找到最优对齐。目前，在图中查找源结点到终结点的最优路径的搜索算法有很多。其中，A * 对齐算法是最为高效的启发式搜索算法之一。该算法使用估值函数来修剪不能得到最优结果的路径，简化搜索空间，提高搜索效率。Adriansyah 等提出的对齐方法就是采用 A * 对齐算法在变迁系统中查找最优对齐。

在最优对齐树中，任意从初始结点到终止结点的路径均记录了一个最优对齐。若记录下一条从初始结点到终止结点的路径上所有结点标注的当前移动，并组成一个序列，就得到一个最优对齐。因此，在最优对齐树对应的搜索空间上，得到最优对齐的方法简单而直观。无须采用任何复杂搜索算法，只需按照一条初始结点到终止结点的路径输出当前移动即可。但是要注意的是，最优对齐树中叶子结点不仅仅只有终止结点，还可能是放弃结点。初始结点到放弃结点路径上的当前移动组成的序列则并非最优对齐。因此，为了提高计算最优对齐的效率，免去不必要的无效工作，最好的方法是：首先，为树中每个结点存储父结点；然后，在查找的过程中，从终止结点到初始结点逆序输出其路径上的当前移动，从而获得最优对齐。

4.2.1 在最优对齐树中查找一个最优对齐的算法

在最优对齐树中查找一个最优对齐的算法思想主要为：第一步，选择一个终止结点作为当前结点；第二步，若当前结点为初始结点，则跳至第四步，否则，继续执行下一步；第三步，记录当前结点的当前移动值，并将当前结点的父结点作为当前结点，跳至第二步；第四步，逆序输出所记录的当前移动序列，该序列则为模型与迹之间的最优对齐。具体执行过程的伪代码见算法 4.2。

首先，介绍算法中所需相关变量及函数的声明如下：

γ：序列，一个最优对齐；

parent(node)：函数，返回参数 node 的父结点。

算法 4.2 在过程模型与迹之间的最优对齐树中逆序查找一个最优对齐。

输入：过程模型 $N=(P,T;F,\alpha,m_i,m_f)$ 和迹 $\sigma=<a_1,a_2,\cdots,a_n>$ 之间

的最优对齐树 O。

输出：过程模型与迹之间的一个最优对齐 γ。

初始化：$\gamma=\langle\rangle$。//初始情况下，最优对齐为一个空序列

步骤：

1. currentnode←$(\forall \nu_f \in V_f)$；//任选一个终止结点作为当前结点

2. WHILE(currentnode$\neq \nu_i$) DO

3. {γ←<currentnode.move>$\oplus\gamma$；//记录当前移动添加到最优对齐序列中

4.currentnode←parent(currentnode)；

//查找当前结点的父结点作为下一个当前结点}

5. RETURN γ；

为了提高算法的执行效率，最优对齐树中为每个结点都存储了指向其父结点的索引。算法4.2中第4步可以直接读取，其执行时间是一个常量。算法4.2中只有单层循环，该循环体语句的执行次数和最优对齐的长度有关，而最优对齐的长度和树的深度相等。假定最优对齐的长度为 n_o，则算法的时间复杂度为 $O(n_o)$。与此同时，算法所需额外存储空间也比较小。除了个别简单变量之外，只需存储一个最优对齐。因此，算法的空间复杂度同样为$O(n_o)$。

接下来，以最优对齐树 O_{41} 为例，描述算法4.2的具体执行过程。如图4-3(c)所示的最优对齐树 O_{41} 中，有许多属性相同的结点，如树中最左侧的两个叶子结点，其属性值均为$(b,\gg)\&(p_3,c,3)$。为了显著地区分图4-3(c)中的结点，更清晰地描述算法4.2的执行过程，为图中每个结点分配一个唯一的关键字 $v_i(0\leqslant i\leqslant 20)$。关键字与图4-3(c)中结点的对应关系如图4-4所示。

图4-4与图4-3(c)是同构的，只是结点的标注多了关键字。而且，虽然结点属性标注形式不同，但是属性值是相同的。将图4-3(c)逆时针旋转90°，并做垂直镜像（翻转）变换后，其结点与图4-4中结点一一对应。因此，图4-4与图4-3(c)是等价的，只是表现形式不同。

在图4-4的基础上，更容易描述算法4.2的执行过程。任取图4-4所示最优对齐树中一个终止结点，逐层遍历其父结点至根结点，逆序输出每个结点（不包括根结点）的当前移动，组成序列，便可得到一个最优对齐。例如，选择终止结点 v_{19}，依次访问其祖先结点 v_7、v_2，至根结点 v_0，然后顺序输出结点 v_2、v_7、v_{19} 的当前移动$(b,\gg)$、$(c,\gg)$、(c,t_3)，组成序列$\langle(b,\gg)$、$(\gg,t_1)$、$(c,t_3)\rangle$为迹 σ_{41} 与过程模型 N_{41} 之间的一个最优对齐。其查找过

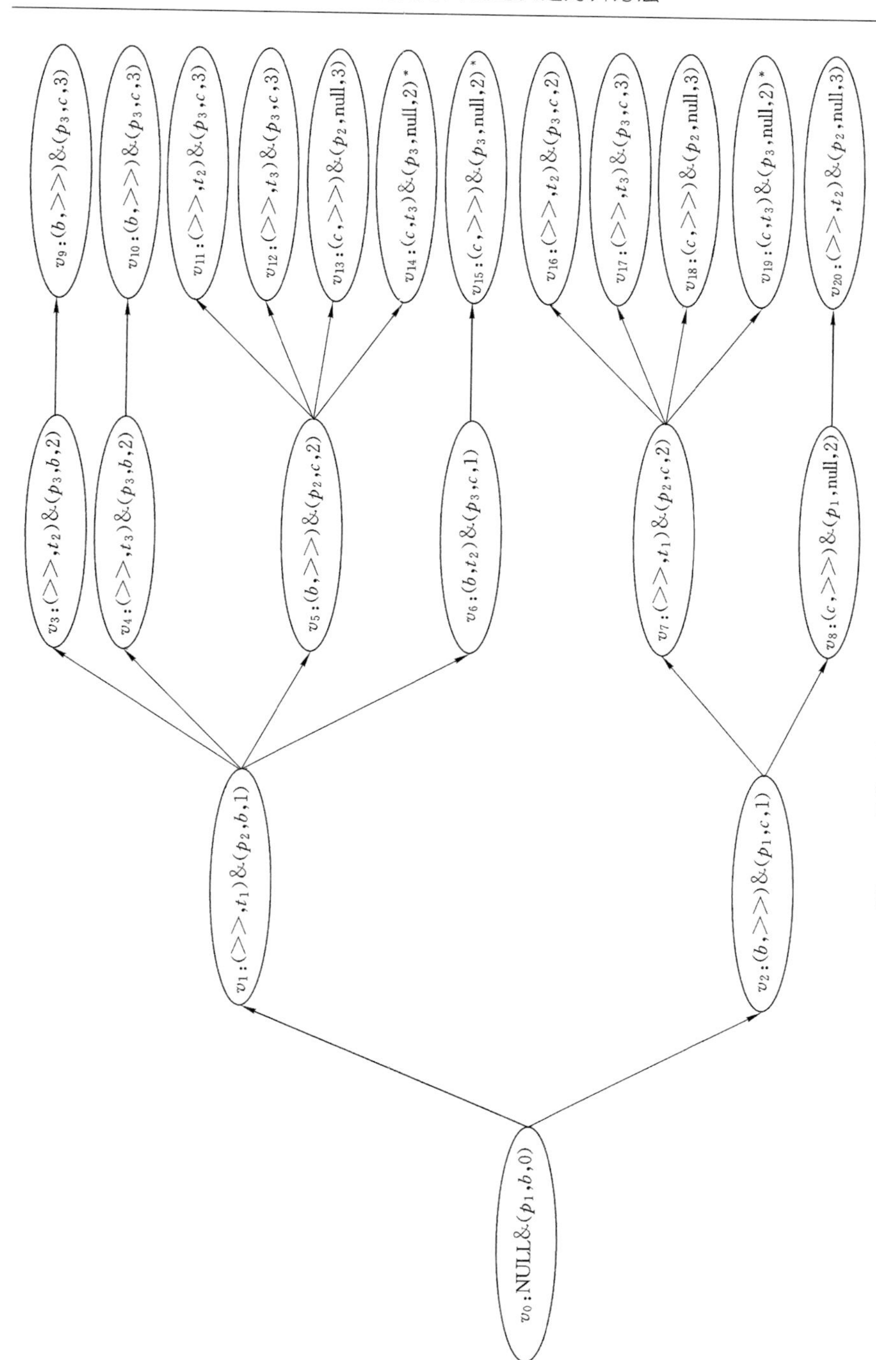

图 4-4　最优对齐树 O_{41} 中结点关键字的分配情况

程如图 4-5 所示。

图 4-5 中,结点之间出现三种类型的连接线,其中实线代表了结点之间的逻辑关系;虚线代表了根据算法 4.2 结点之间的访问顺序;点线代表了计算最优对齐时,当前移动的输出顺序。

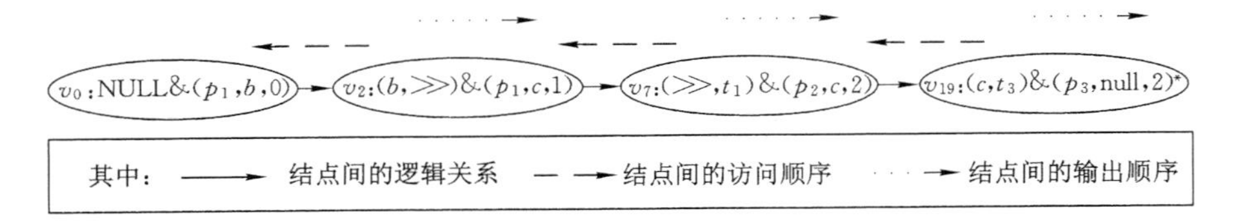

图 4-5　最优对齐树 O_{41} 中一个最优对齐的查找过程

4.2.2　在最优对齐树中查找所有最优对齐的算法

查找从终止结点到初始结点之间的所有路径,并将每条路径上结点的当前移动依次存储下来,记作一个序列,可以得到过程模型与迹之间的所有最优对齐。详细执行步骤见算法 4.3。

首先,介绍算法中所需相关变量及函数的声明如下:

alignment[n]:数组,存储 n 个最优对齐。

其余变量的定义参见算法 4.2。

算法 4.3　在过程模型与迹之间的最优对齐树中逆序查找所有最优对齐。

输入:过程模型 $N=(P,T;F,\alpha,m_i,m_f)$ 和迹 $\sigma=\langle a_1,a_2,\cdots,a_n\rangle$ 之间的最优对齐树 O。

输出:过程模型与迹之间的所有最优对齐 alignment。

初始化:$i\leftarrow1$; alignment[1..n]$\leftarrow\varnothing$。//初始情况下,最优对齐集合为一个空集

步骤:

1. currentnode←($\forall\nu_f\in V_f$);//任选一个终止结点作为当前结点
2. $V_f\leftarrow V_f-\{\nu_f\}$;
3. WHILE($V_f\neq\varnothing$) DO
4. {CALL Algorithm 2;//调用算法 2,找到一个最优对齐
5. 　alignment[i]←γ;//将最优对齐并入最优对齐集合
6. 　$V_f\leftarrow V_f-\{\nu_f\}$;
7. i++;}
8. RETURN alignment;

在算法 4.3 中，计算一个最优对齐是调用算法 4.2 实现的。因此算法 4.3 在实际执行时，其实是一个二重循环。算法 4.3 的复杂度和最优对齐的个数以及最优对齐的长度有关。假定最优对齐的个数为 m_o，最优对齐的长度平均为 n_o，则算法 4.3 的时间复杂度和空间复杂度均为 $O(m_o n_o)$。

以图 4-4 所示最优对齐树为例，通过算法 4.3 可以得到迹 σ_{41} 与过程模型 N_{41} 之间的所有最优对齐。依次选定终止结点 v_{19}、v_{15}、v_{14} 作为当前结点，然后逐层访问其父结点至初始结点，逆序输出路径上结点标注的当前移动各自组成序列，便可计算出所有最优对齐。计算结果如图 4-6 所示，计算过程如表 4-3所示。

$$\gamma_1=\begin{array}{|c|c|c|}\hline >> & b & c \\ \hline \begin{array}{c} a \\ t_1 \end{array} & >> & \begin{array}{c} c \\ t_3 \end{array} \\ \hline \end{array}\quad \gamma_2=\begin{array}{|c|c|c|}\hline >> & b & c \\ \hline \begin{array}{c} a \\ t_1 \end{array} & \begin{array}{c} b \\ t_2 \end{array} & >> \\ \hline \end{array}\quad \gamma_3=\begin{array}{|c|c|c|}\hline b & >> & c \\ \hline >> & \begin{array}{c} a \\ t_1 \end{array} & \begin{array}{c} c \\ t_3 \end{array} \\ \hline \end{array}$$

图 4-6　迹 σ_{41} 与模型 N_{41} 之间的所有最优对齐

表 4-3　迹 σ_{41} 与模型 N_{41} 之间所有最优对齐的计算情况

序号	终止结点	访问路径	移动输出顺序	最优对齐
1	v_{19}	$v_{19}\rightarrow v_7\rightarrow v_2\rightarrow v_0$	$(>>,t_1)\rightarrow(b,>>)\rightarrow(c,t_3)$	γ_1
2	v_{15}	$v_{15}\rightarrow v_6\rightarrow v_1\rightarrow v_0$	$(>>,t_1)\rightarrow(b,t_2)\rightarrow(c,>>)$	γ_2
3	v_{14}	$v_{14}\rightarrow v_5\rightarrow v_1\rightarrow v_0$	$(b,>>)\rightarrow(>>,t_1)\rightarrow(c,t_3)$	γ_3

4.3　OAT 方法的性能分析

4.3.1　最优对齐树的化简

在图 4-3(c)中，有一些结点具有相同的属性，不仅当前移动相同，而且状态属性也相同。例如，结点$(b,>>)\&(\{p_2\},c,2)$的子结点和结点$(>>,t_1)\&(\{p_2\},c,2)$的子结点不仅个数相同，而且属性值一一对应相同。完全相同的结点在实际存储时是可以共享的，只需存储一次，并删除父结点的子结点索引值即可，从而节省存储空间。将图 4-3(c)所示最优对齐树中相同结点进行合并，得到一个图结构，如图 4-7 所示。化简后所需存储空间比原来要降低 25%左右。

在图 4-7 中，只有一个结点没有入边，该结点的属性标注和最优对齐树中根结点的属性标注一致。除此之外，其余结点均有两个属性，一是当前移动，

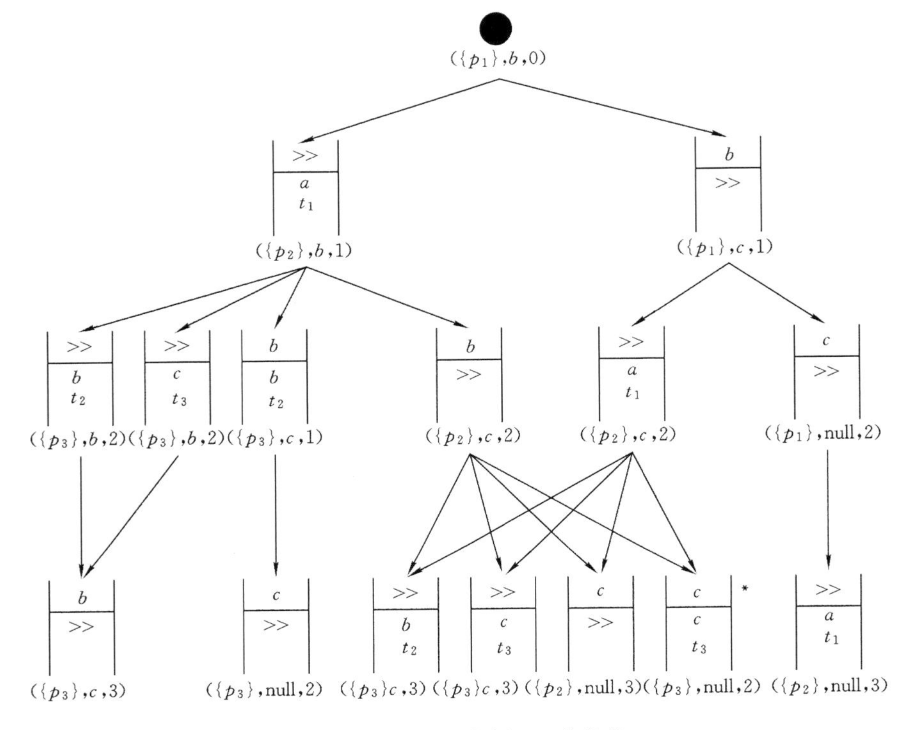

图 4-7　最优对齐树 O_{41} 的化简

二是状态属性，和最优对齐树中除根结点之外的其他结点一样。另外，图 4-7 中有些结点没有出边，性质取值和最优对齐树中叶子结点一样，要么是放弃结点，要么是终止结点。根据上述分析，给出最优对齐树化简图的概念。

定义 4.8(最优对齐树化简图)　迹 σ 与过程模型 N 之间的最优对齐树化简图是一个有向无环图，记作 $O'=(K',R')$。其中，K' 是一个有限结点集，R' 是一个结点之间有限边关系集。K' 中的结点满足以下条件：

(1) $K'\subseteq V_a$；

(2) $\exists !\ k_0'\in K':(\forall k'\in K':(k',k_0')\notin R')\Rightarrow(k_0'=\nu_i)$；

(3) $\forall k_1'\in K':(\exists k_2'\in K'\wedge(k_1'.\mu\&\omega=k_2'.\mu\&\omega))\Rightarrow(k_1'=k_2')$；

(4) $(K_l'\subseteq K')\cap(\forall k_l'\in K_l'):(\forall k'\in K':(k_l',k')\notin R'))\Rightarrow(K_l'\subseteq V_f\cup V_d)$。

根据最优对齐树化简图的定义可知，其满足以下三个条件：① 图中所有结点都是对齐结点；② 图中有且仅有一个结点没有父结点，该结点是初始结点；③ 图中任意两个结点的属性均不相同；④ 图中存在一些结点没有子结点，此类结点只能是终止结点或者是放弃结点。

接下来，给出最优对齐树化简算法，目的是得到一个最优对齐树化简图。主要的算法思想是合并具有相同当前移动和状态属性的结点，而结点之间的边关系保留。

算法 4.4 中需要用到的数据结构和变量说明如下：

currentnode：当前访问结点。

Cnode：当前结点的子结点。

Pnode：当前结点的父结点。

node：可选择结点。

NNodeSet：未访问结点集合。

VNodeSet：已访问结点集合。

flag：标志位。flag=1 时，表示找到和访问结点相同属性的结点；否则，表示未找到。

算法 4.4 化简最优对齐树得到最优对齐树化简图。

输入：最优对齐树 $O=(K,R)$。

输出：最优对齐树化简图 $O'=(K',R')$。

步骤：

1.$K'\leftarrow\{\nu_i\}$；$R'\leftarrow\varnothing$；//初始化

2.FOR($\forall(\nu_i$,Cnode$)\in R$) DO

3. $R'\leftarrow R'\cup\{(\nu_i$,Cnode$)\}$；//任选初始结点的一条边，将其并入化简图的边集合

4.NNodeSet$\leftarrow K-\{\nu_i\}$；

5.FOR($\forall\nu_a\in$ NNodeSet) DO

6. {currentnode$\leftarrow\nu_a$；//任选未访问结点作为当前结点

7. VNodeSet$\leftarrow K'$；

8. flag$\leftarrow$0；

9. WHILE(VNodeSet$\neq\varnothing$) DO

10. {$\forall$node$\in$ VNodeSet；

11. IF(node=currentnode) THEN

12. flag$\leftarrow$1；

13. VNodeSet$\leftarrow$VNodeSet$-\{$node$\}$；

//若存在和当前结点属性完全相同的已访问结点，则标志位为 1}

```
14. IF(flag=0) THEN
15. K'←K'+{currentnode};
//若未找到属性相同的结点,则将当前结点并入图的结点集合
16. FOR(∀(currentnode,Cnode)∈R) DO
17.         R'←R'∪{(currentnode,Cnode)};
//任选一条当前结点到子结点的边并入图的边集合
18. FOR(∀(Pnode,currentnode)∈R) DO
19.   R'←R'∪{(Pnode,currentnode)};
//任选一条当前结点到父结点的边并入图的边集合
20. NNodeSet←NNodeSet-{currentnode};}
21.RETURN O';
```

算法 4.4 中最复杂的结构是一个二重循环,其复杂程度和最优对齐树中结点个数有关。假定最优对齐树中有 n_t 个结点,那么算法 4.4 的时间复杂度和空间复杂度均为 $O(n_{t2})$。

4.3.2 最优对齐树的深度和宽度

计算最优对齐方法的复杂度由最优对齐树的结构决定,而最优对齐树的复杂程度跟工作流网模型的结构及变迁引发序列和迹之间的比对情况等密切相关。本书以合理的工作流网模型为研究对象,此类工作流网模型不允许出现死锁、活锁等异常行为。合理工作流网模型的初始标识是托肯只存在于初始库所中,结束标识是可达的且只有结束库所中存在托肯。因为工作流网模型的结束标识可达且迹的长度有限,所以 OAT 方法可以在有限的步骤和时间内结束,最优对齐树的结点也是有限的。接下来,讨论工作流网模型中可能会引起 OAT 算法异常的特殊变迁。然后,研究正常情况下最优对齐树的深度和宽度。

标签 Petri 网中有两类较为特殊的变迁,一类是重复变迁,另一类是不可见变迁。重复变迁是模型中具有相同标签(活动名)的变迁。无论两个或者多个重复变迁在模型中的相对位置关系如何,都可以通过输入库所和输出库所进行区分,因而不影响 OAT 方法中重复变迁分别与迹中具有相同标签的事件进行对齐。因此,模型中重复变迁的存在不会影响 OAT 方法的对齐结果。

不可见变迁是模型中一类引发时观察不到相应活动的变迁,即没有标签的变迁。OAT 方法将模型中的不可见变迁作为普通变迁来处理。此类变迁可以如同普通变迁一样,当满足引发条件时引发,且引发后托肯从输入库所流入输出库所。由于该类变迁的引发不会产生活动,此时迹中无观察事件,也不

会产生偏差,即不可见变迁的引发,会产生不带偏差的移动,因而不会影响对齐的代价值。

在大多数情况下,最优对齐树的深度是有限的。但是,当模型中存在只有不可见变迁和库所的循环分支结构时,OAT 方法可能会进入死循环,从而导致树中有一个长度无限的分支。以只包含一个不可见变迁和一个库所组成循环分支的工作流网结构为例,如图 4-8 所示。

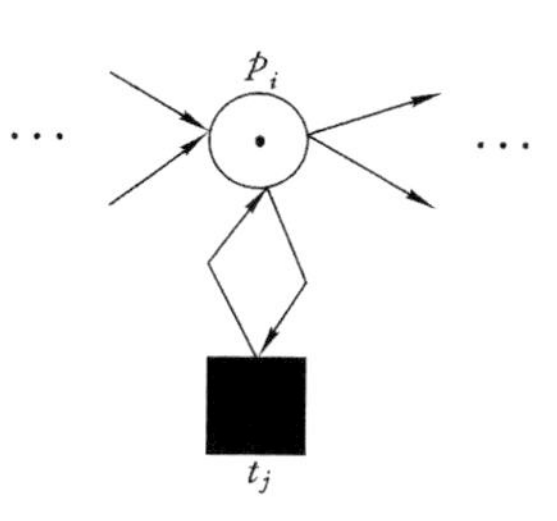

图 4-8 不可见变迁的短循环结构

模型与迹在对齐过程中,非循环结构内的变迁引发次数是固定的。而循环结构内的非不可见变迁引发次数也必定是有限的。因为非不可见变迁引发时,若无和其产生活动具有相同名称的事件在迹中被观察到,则会引起对齐代价值的增加,该值肯定不能无限制地增加下去,所以此类变迁的引发会随着最优对齐代价值的获得而终止。

如图 4-8 所示结构中,t_j一旦获得引发机会,其引发次数不会受到任何因素的影响。因为 t_j 的引发不会产生任何活动,所以不会造成对齐代价值的增加。无论 t_j 引发多少次,都可以到达最优对齐。若循环分支中只有不可见变迁,则会出现异常情况。例如,在生成最优对齐树时,选中的当前结点为 move&(P_j,a_y,c)。此时,不可见变迁 t_j 可以引发,生成新的结点$(>>,t_j)$&(P_j,a_y,c)。若选中新结点$(>>,t_j)$&(P_j,a_y,c)作为当前结点,那么此时 t_j 仍可引发,生成新的结点依然为$(>>,t_j)$&(P_j,a_y,c)。如此反复执行,OAT 算法将进入死循环,永远无法正常结束。若不考虑结点共享,一味生成新结点,则树中此分支也会无限延长下去。

为了避免上述情况的发生,保证 OAT 算法的正确执行。在使用 OAT 算法之前,先对模型进行检查,确保模型中无此类特殊结构。或者通过增加一个阈值强制限定不可见变迁的引发次数,使得循环分支内的不可见变迁无法无限制引发下去。假定迹长度为$|\sigma|$,模型中变迁个数为$|T|$,最优对齐的代价为 cost,则 cost$\leqslant|\sigma|+|T|$一定成立。因此,可以将$|\sigma|+|T|$作为阈值,若不可见变迁的引发次数高于该值,则不再继续引发该不可见变迁。此方法可以保证 OAT 算法在有限步内执行结束,解决上述问题。

目前,经分析除模型中包含不可见变迁和库所的特殊循环分支外,最优对齐树的深度是有限的。因为给定迹的长度是有限的,且模型可以在引发有限个变迁后到达结束状态。假定迹的长度是 m,模型最长的完整变迁引发序列

长度是 n，则最坏情况下最优对齐的长度是 $m+n$，从而最优对齐树的深度是 $m+n$。

最优对齐树中，每个结点的子结点都是有限的。其个数与当前状态下可以引发的变迁数以及迹中当前事件有关。工作流网模型中的库所和变迁是可数的，因此无论托肯在库所中的分布情况如何，可以引发的变迁都是有限的。另外，树的深度是有限的，因此树的宽度亦是有限的。

4.4 仿真实验

本节给出一些实验，并将运行结果和 A * 对齐算法进行比较，从而评价 OAT 方法的性能。该实验采用 ProM 平台，其运行环境要求至少 Intel core 3.20 GHz 处理器和 1 GB Java 虚拟内存。

给出一个基于工作流网的模型 N_d 作为运行实例，如图 4-9 所示。该模型显示了电子书店在线交易的一个简化过程。首先，买家添加货物到购物车(add items)；该行为可以通过一个重复变迁反复执行(add items)，即多次添加货物到购物车；添加结束后，买家可以取消交易(cancel)；若打算购买所选择的货物，则结束货物的添加过程(finalize)；然后，买家付款(pay)和卖家打包货物(pack)可以同时进行；结束上述操作后，该交易被认为是有效的(validate)；最后，卖家将货物快递给买家(deliver)，或者买家此时仍有权取消订单(cancel)。

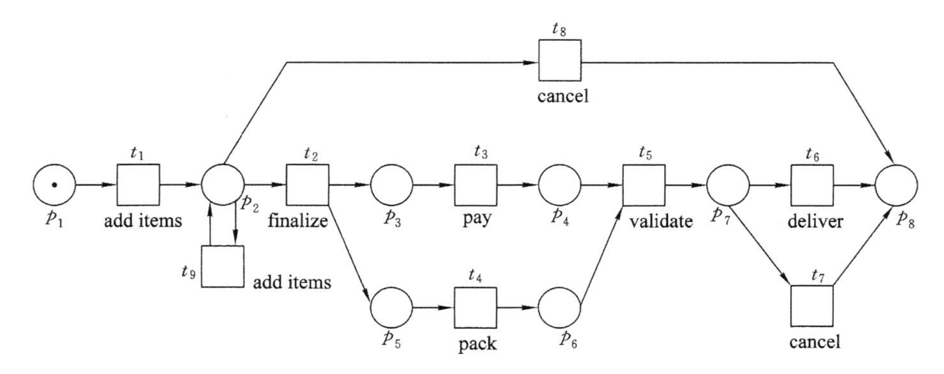

图 4-9 带重复变迁的电子书店在线交易过程模型 N_d

本实验以图 4-9 所示标签工作流网 N_d 作为过程模型。随机引发模型中的一系列完整变迁序列，记录每个变迁对应的活动，生成一组长度不同但完全拟合的迹。每条迹包含 2～10 个活动。在每条迹中随机地删除或者添加活动产生噪声。噪声比由公式 noise＝minimum deviation number/20 衡量。其中，minimum deviation number（最小偏差数）指一条迹和过程模型之间的最优对齐所包含的偏差数，该值在此由标准似然代价函数衡量；公式中分母取值为 20，是因为数值 20 是模型中变迁数两倍的近似整数。本实验考察的事件日志中所有迹噪声比平均取值大 5%～30%。每个实验的结果是相同实验重复执行 20 次所记录数据的平均值。

分别采用 OAT 方法和 A＊对齐算法计算所有生成迹与过程模型之间的一个最优对齐，比较两个算法之间的空间复杂度和时间复杂度，结果分别如图 4-10、图 4-11 所示。

图 4-10 和图 4-11 中，纵轴是以指数形式增长的。图 4-10 中比较的是查找过程中入队结点数。查找算法不必访问状态空间中的所有结点，只需访问入队结点。图 4-11 中比较的是查找过程所花费的时间。从实验结果可以看出，在已生成查找空间的基础上，进行查找时，OAT 方法比 Adriansyah 等人提出的对齐方法无论在时间复杂度还是空间复杂度上都具有一定的优越性。

总结 Adriansyah 等人提出的对齐方法和本章提出的对齐方法的执行步骤，可以提炼为两步：第一步，生成查找空间；第二步，查找最优对齐。Adriansyah 等人提出的对齐方法的查找空间为变迁系统，查找算法为 A＊对齐算法。本章提出的对齐方法的查找空间为最优对齐树，查找算法为算法 4.2。

Adriansyah 等人提出的对齐方法只考虑了 A＊对齐算法的复杂度，未考虑计算变迁系统的花费，本方法则将生成最优对齐树的过程作为预处理。Adriansyah 等人提出的对齐方法执行过程如图 4-1 所示，非常烦琐且复杂。其在执行过程中，日志模型、乘积模型、变迁系统等占用大量的临时存储空间；而 OAT 方法得到的最优对齐树也占用了比较大的状态空间。对于静态临时存储空间的占用，在此不做统计。同样，Adriansyah 等人提出的对齐方法在得到变迁系统时，会花费一定的时间；而 OAT 方法得到最优对齐树也要花费一定的时间。对于计算查找空间的时间，在此忽略不计。

Adriansyah 等人提出的对齐方法采用 A＊对齐算法在变迁系统中查找最优对齐。A＊对齐算法的查找过程要从源结点开始，实际上是查找图中源结点到终结点之间的一条最短路径。肯定会有一些多余状态进入优先队列，即访问一些非最短路径上的结点。

OAT 方法在生成状态空间的过程中，记录了每个状态的代价值。在查找最优对齐时，只需逆序找到状态空间中的第一个终止结点（此过程执行很

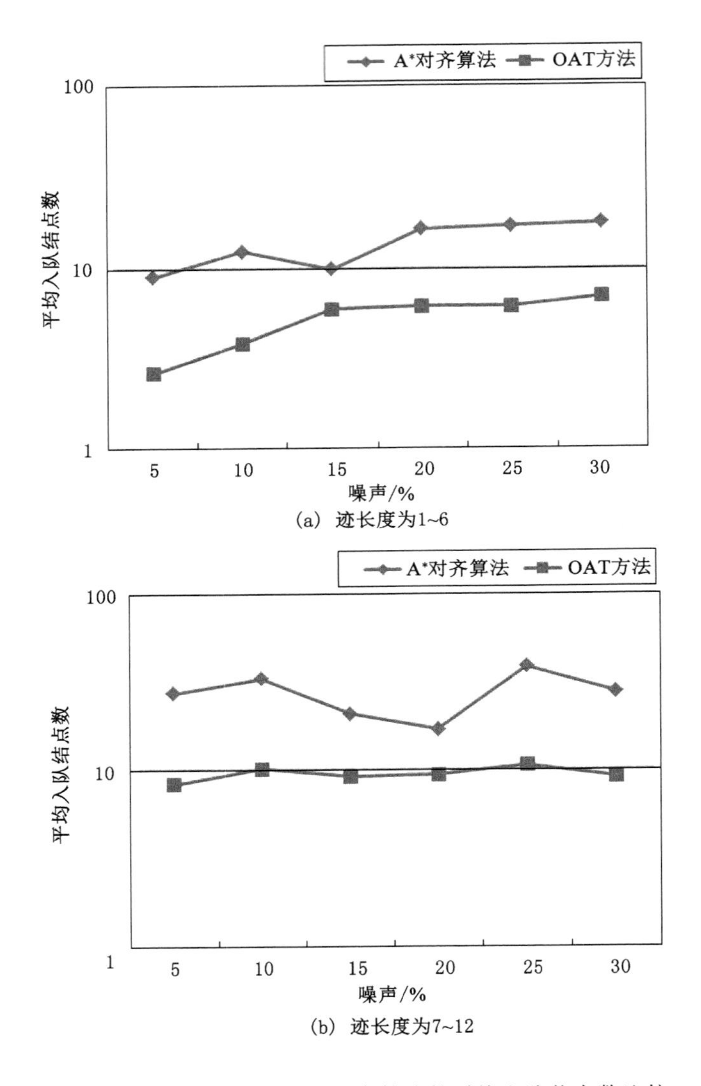

图 4-10 OAT 方法和 A＊对齐算法的平均入队状态数比较

快，因为算法中对终止结点进行了标注且其为叶子结点)。从该终止结点开始，依次逐层遍历父结点，记录标注的当前移动，并逆序输出便可得到一个最优对齐。即 OAT 方法中，从某个终止状态的叶子结点开始依次访问各层父结点，便可得到一个最优对齐。

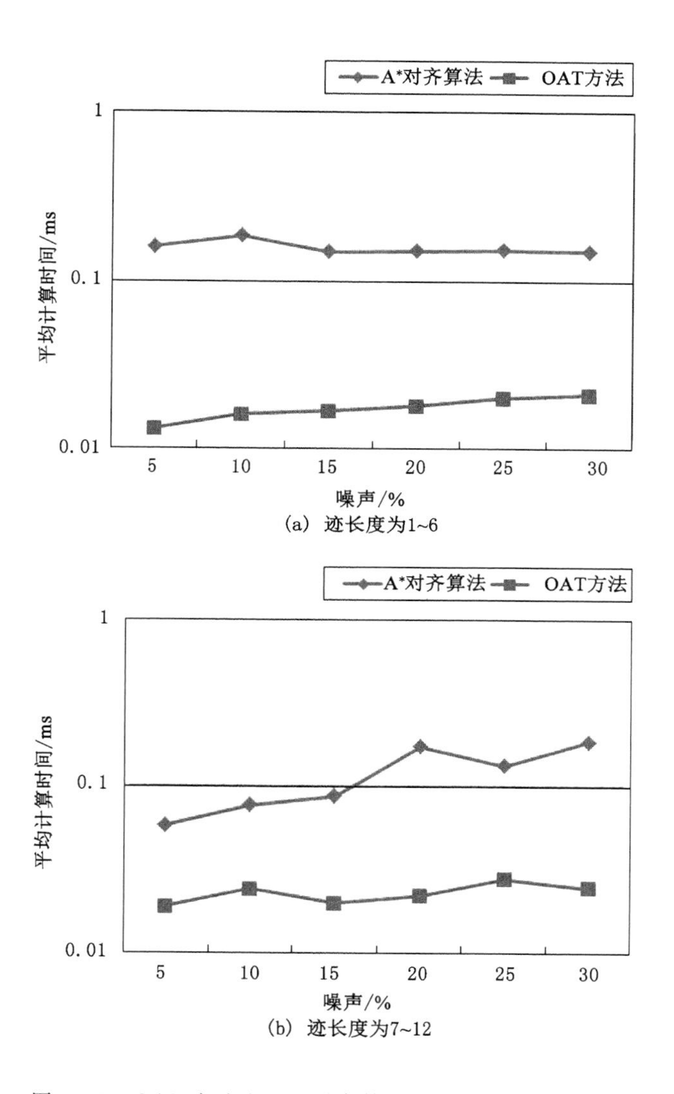

(a) 迹长度为1~6

(b) 迹长度为7~12

图 4-11 OAT 方法和 A * 对齐算法的平均计算时间比较

因此，A * 对齐算法与算法 4.2 相比，入队状态数要多一些，执行时间要长一些。即在最优对齐树中查找最优对齐的复杂度要低于在变迁系统中使用 A * 对齐算法计算最优对齐的复杂度。可见，算法 4.2 的性能优于 A * 对齐算法。

4.5 OAT 方法的适用情况分析

OAT 方法仅适合于较小的模型和较短的迹。当该方法处理复杂模型时,会造成状态空间的爆炸。OAT 方法的复杂度主要和最优对齐长度以及偏差位置有关。当模型较小并且迹长度较短时,无论是平均入队结点状态数还是平均计算时间,OAT 方法中的算法 4.2 均优于 A * 对齐算法。但是,OAT 方法不能处理复杂模型和较长的迹。

OAT 方法在计算符合以下条件的模型与迹之间的最优对齐时,具有一定的优势。

(1) 工作流网模型中只有顺序结构,且合法变迁引发序列最长为 8,如图 4-12所示。迹长度最大为 8。

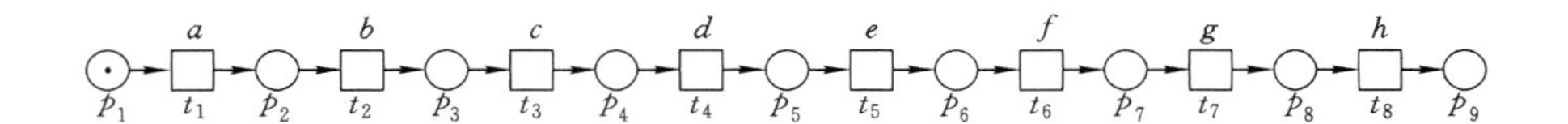

图 4-12　过程模型 PM_1

(2) 工作流网模型中具有顺序结构和选择结构,且合法变迁引发序列最长为 6,如图 4-13 所示。迹的最大长度为 7。

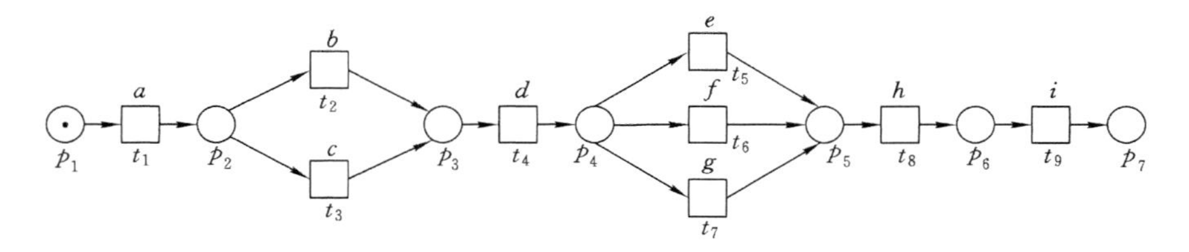

图 4-13　过程模型 PM_2

(3) 工作流网模型中具有顺序结构和并行结构,且合法变迁引发序列最长为 6,如图 4-14 所示。迹的最大长度为 7。

(4) 工作流网模型中具有顺序结构和循环结构,如图 4-15 所示。迹的最大长度为 7。

(5) 工作流网模型中具有顺序结构、选择结构和循环结构,如图 4-16 所示。迹的最大长度为 6。

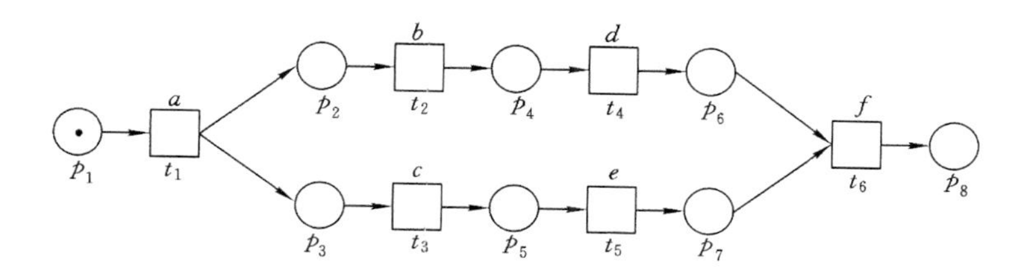

图 4-14　过程模型 PM_3

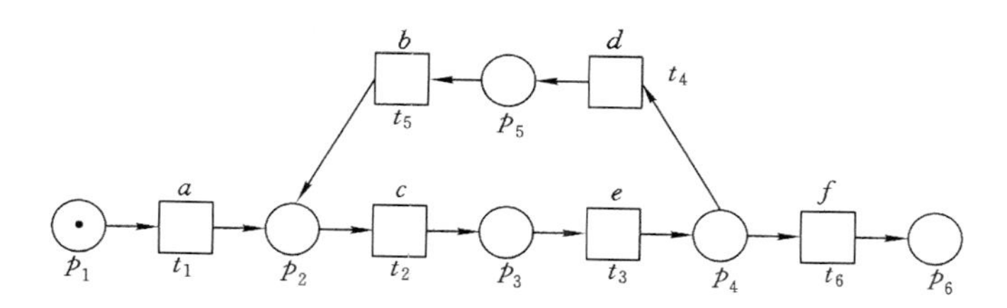

图 4-15　过程模型 PM_4

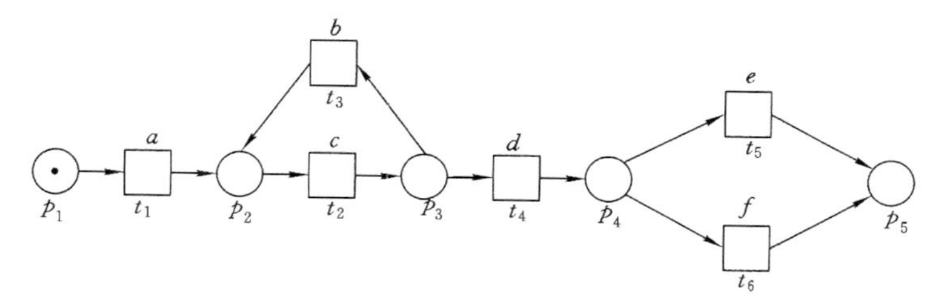

图 4-16　过程模型 PM_5

（6）工作流网模型中具有顺序结构、选择结构和并行结构，且合法变迁引发序列最长为 6，如图 4-17 所示。迹的最大长度为 8。

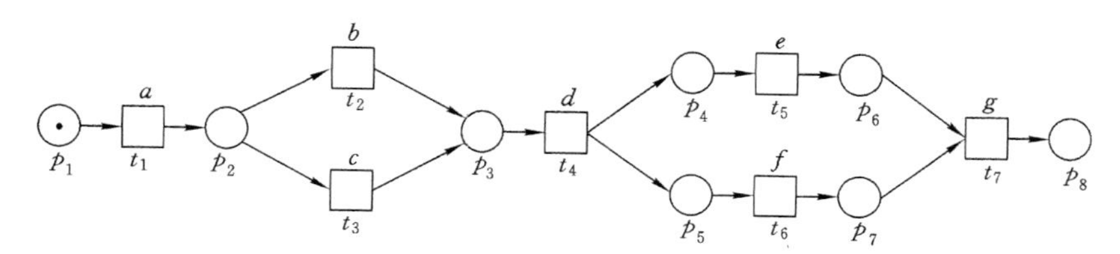

图 4-17　过程模型 PM_6

在上述 6 种情况下，模型中的变迁减少或者迹的长度减小时，OAT 方法依然适用。另外，OAT 方法能够处理的模型种类还有很多，并不局限于上述给出的 6 种，我们将在后续的工作中继续查找，验证 OAT 方法的可行性。

以过程模型 PM_6 为例，选择不同长度及偏差的迹与其进行对齐。考察查找阶段的算法性能，即在预处理得到查找空间后，计算一个最优对齐所花费的时间和所占用的空间。OAT 方法中算法 4.2 的平均计算时间和入队状态与 A＊对齐算法的比较结果分别如图 4-18、图 4-19 所示。

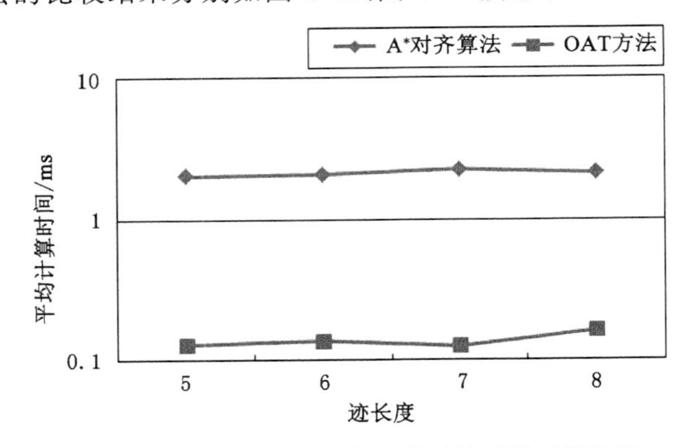

图 4-18　对齐模型 PM_6 与迹的平均计算时间比较

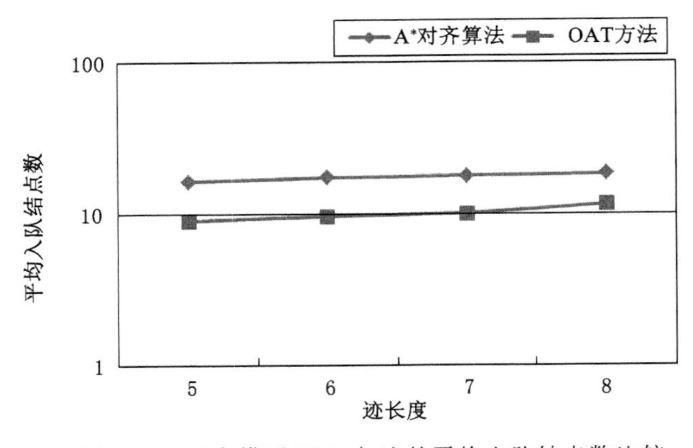

图 4-19　对齐模型 PM_6 与迹的平均入队结点数比较

比较查找阶段的性能，算法 4.2 优于 A＊对齐算法。这是因为最优对齐树中，结点记录了代价信息，因此，能快速地找到一个最优对齐并将其输出，这是 OAT 方法的优势所在。但是，由于结点记录了太多的信息，过于细化，导致结点数剧增，以至于在预处理阶段得到的最优对齐树过于庞大。同样以过程模型 PM_6 为例，统计了在最坏情况下，不同的迹与其对齐时，所得最优对齐树的结点个数及最优对齐长度，如表 4-4 所示。

表 4-4　模型 PM_6 与不同迹之间最优对齐树的比较

序号	迹长度	不同的迹	树中结点数	最优对齐树
1	5	$x_1x_2x_3x_4x_5$	6415	11
2	6	$x_1x_2x_3x_4x_5x_6$	13031	12
3	7	$x_1x_2x_3x_4x_5x_6x_7$	24704	13
4	8	$x_1x_2x_3x_4x_5x_6x_7x_8$	44274	14
5	9	$x_1x_2x_3x_4x_5x_6x_7x_8x_9$	—	—

其中，$x_i(i \geqslant 1)$是一个事件名。该事件名只出现在日志中，但是模型 PM_6 中不存在与之相同的活动标签。

当迹“$x_1x_2x_3x_4x_5x_6x_7x_8x_9$”与模型 PM_6 进行对齐时，使用 OAT 方法生成的结点太多，导致存储溢出，程序不能正常运行。因此，在迹的长度超过 8 时，不能使用 OAT 方法进行对齐。

当迹的长度大于 9 时，OAT 方法并非完全失效。因为该方法是否可行不只是和迹的长度有关系，而是和最优对齐长度的最大值以及偏差出现的位置有关。例如，长度为 12 的迹“$x_1x_2x_3x_4x_5x_6abdefg$”与模型 PM_6 进行对齐时，生成的结点数才 674 个，远远小于规定的 50 000 个。但是，为了保证 OAT 方法万无一失，确保给定的任意迹都能与模型进行对齐。本方法以最坏的情况制定衡量标准，将模型 PM_6 能对齐的迹的最大长度限定为 8。

4.6　本章小结

合规性检查在信息管理系统中发挥着越来越重要的作用，对齐是合规性检查中最为先进的方法之一。迹与模型之间的最优对齐结果应用非常广泛，但是，目前最常用的 A＊对齐算法执行过程较为复杂。本章提出一种基于工作流网的计算过程模型与迹之间最优对齐的新方法——OAT 方法。该方法得到的对齐结果和 A＊对齐算法完全相同，但是执行过程更为简明。OAT 方法可以生成一棵最优对齐树，在该树中可以快速找到最优对齐。该方法已在 ProM 平台上实现，实验结果显示 OAT 方法各方面性能均优于 A＊对齐算法。

OAT方法处理的过程模型采用合理的工作流网建模，具有严格的语义。允许过程模型中带有重复变迁，支持部分不可见变迁。该方法可以正确处理部分带有复杂模式及循环结构的过程模型，能够检测出迹与过程模型之间的所有偏差，为合规性检查提供了一定的诊断基础。但该方法只能处理简单模型和较短迹，可扩展性较差。

最优对齐树结构化良好，具有显著的移动和状态属性标注。基于最优对齐树查找最优对齐的方法既简便又快捷，但是最优对齐树中存在大量的重复结点，从而造成了存储空间的浪费。另外，在最优对齐树中，所有的对齐信息均存储在结点上，导致结点数量庞大。在接下来的研究工作中，可以提取一些信息标注于边上，从而产生更多的重复结点，合并后可以进一步减少存储空间的占用。因此，继续改进该方法，提高算法的执行效率是非常有必要的。

最优对齐树方法是可行且实用的，在进一步的工作中，该方法将被使用并扩展。本方法可以在以下几个方面展开研究：首先，可以查找更多适合OAT方法的模型，令该方法得到更广泛的应用；其次，优化该方法以便进一步提高计算观察行为与建模行为之间最优对齐的效率；最后，采用不同的代价函数，获得不同的对齐结果，建立迹与模型之间合规性的不同衡量标准，并应用于合规性检查和模型修复与增强等领域。

5 基于最优对齐图的精简对齐方法

在前一章中,本书给出了一种对于过程模型结构特点没有特殊限制的计算最优对齐的简化方法。该方法虽然提高了在搜索空间中查找最优对齐的时间效率,但是在生成最优对齐树时,由于将所有信息都放在结点上并且不对重复结点进行共享,导致生成树庞大。最优对齐树的结点数会随着最优对齐长度呈指数级增长,造成空间状态的爆炸。因此,最优对齐树方法只适用于一些规模较小的过程模型和长度较短的迹。

为了解决上述问题,本章提出适用范围更广的一种精简最优对齐方法。该方法不仅继承了 OAT 方法可以快速在搜索空间中计算最优对齐的优点,而且大大减少了搜索空间的结点数。该方法之所以具有上述优越性,主要原因在于:在生成搜索空间时,将一些信息标记在边上,使得相同结点增多;将重复结点进行共享;对不能到达最小代价的结点进行剪枝,从而大大缩小了生成空间。该方法可以大幅度提高计算最优对齐的时间效率及空间效率。

在衡量对齐方法的时间复杂度时,已有算法均考察"在已获得查找空间的基础上,通过查找算法获得最优对齐所花费的时间"。因此,查找空间的大小直接影响了算法的复杂程度。

Adriansyah 等人提出的 A * 对齐算法生成的查找空间比较大,在该空间上虽然可以根据不同的代价函数查找到符合不同要求的对齐,但是也因此而增加了查找所需最优对齐的工作量。

Song 等人提出了一种事件日志与过程模型之间的高效对齐方法[71],该方法通过启发式规则和迹重演等技术减小了查找空间,但是其查找空间中仍保留有无法到达最优对齐的冗余结点,且由于预处理计算的局限性使得该方法只能找到部分最优对齐。

综上所述,大多数已有对齐方法主要工作包括两步:一是根据给定迹与过程模型生成包含最优对齐的查找空间;二是根据给定代价函数在查找空间中搜索最优对齐。其主要思路框图如图 5-1 所示。

目前,已有对齐方法一般将搜索空间的生成作为预处理阶段。在衡量整

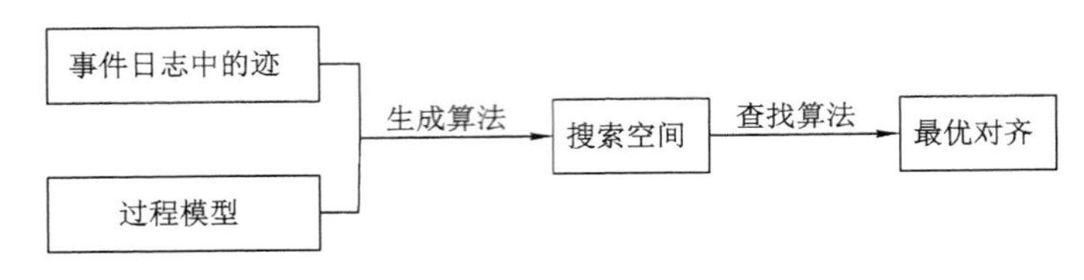

图 5-1　对齐方法思路框图

个计算最优对齐的效率时，考察的往往只是在搜索空间中查找最优对齐所花费的时间和入队结点情况。而查找算法的应用领域较为广泛，因此目前查找算法种类较多，且较为成熟。因此，若要提高对齐方法的效率，主要途径就是降低查找空间。另外，现有的对齐方法，其查找空间的生成都是根据日志与过程模型本身的结构得到的，并未考虑代价函数等因素，其中必然包含一些不能到达最优对齐的结点。

为了提高计算最优对齐的效率，以减小查找空间为目的，本章提出一种新的对齐方法，称之为 RapidAlign 方法。该方法与现有方法相比较，其最大的优点在于生成查找空间时，以代价函数为约束条件，使得生成的查找空间中只包含到达最优对齐的结点，而没有其他无用的冗余结点。该方法的主要研究对象是事件日志中的单条迹以及基于工作流网的过程模型。该方法能够生成一个最优对齐图，其源结点到终结点的任一条路径均对应迹与过程模型之间的一个最优对齐。该方法既简化了求解最优对齐的过程，也节省了计算过程所占用的内存空间。其具体实施步骤如图 5-2 所示。

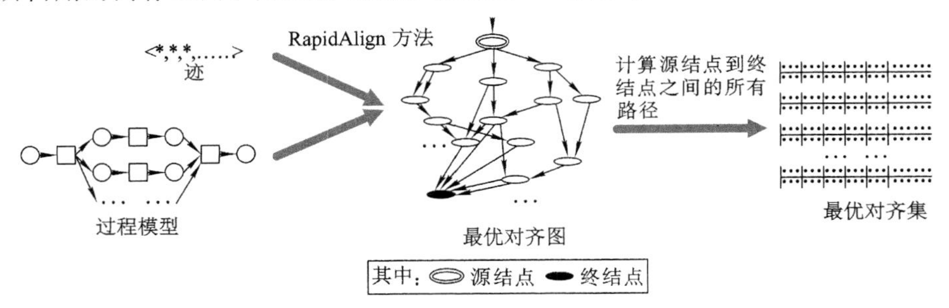

图 5-2　RapidAlign 方法的执行过程

本章主要内容安排如下：

5.1 节提出一种过程模型与迹之间基于工作流网的对齐方法——RapidAlign 方法，该方法可以得到一个最优对齐图。该图中，结点记录了模型和迹当前的状态以及当前的对齐代价值，边上的权属性体现了结点之间变化时发生的移动。

5.2 节对该方法的正确性和健壮性进行了理论分析。当过程模型中存在重复变迁或者迹中存在重复活动时，该对齐方法同样适用。通过深入研究发现，带有不可见变迁循环结构的过程模型与某些迹对齐时，可能会产生无数个最优对齐。该情况下，先对过程模型进行预处理，得到等价的不含不可见变迁循环结构的过程模型，然后再使用 RapidAlign 方法进行迹与过程模型之间的对齐，同样可以得到所需的对齐结果。

5.3 节给出了基于最优对齐图计算迹与模型之间最优对齐的算法，主要算法思想为：访问最优对齐图中源结点到终结点的任一条路径均可找到迹与过程模型之间的一个最优对齐；或者，遍历最优对齐图中源结点到终结点的所有路径，可以得到给定迹与过程模型之间的所有最优对齐。

5.4 节利用实验仿真实现该方法，并与 A * 对齐算法进行比较。运行结果说明，该对齐方法简化了计算最优对齐的求解过程，能够快速得到对齐结果。该方法不仅提高了算法的运行效率，而且节省了计算过程所占用的存储空间。

5.5 节对本章工作进行总结和展望。在将来的工作中，可以考虑当衡量最优对齐的代价函数发生变化时，该方法的适用情况。

5.1 最优对齐图的生成方法

5.1.1 RapidAlign 方法分析

当给定迹与过程模型之间进行拟合度检查时，主要是进行迹中活动与模型中变迁引发的活动之间的对齐。在对齐过程中，假设当前迹中被观察到的活动为 x，模型中将要引发的变迁是 t_i，其映射的活动是 y。在下一步的对齐过程中，可能会发生以下三种情况之一：① 从迹中观察到活动 x，而此活动不会由模型中的变迁引发，即模型并没有运行，此时得到一个日志移动$(x, \gg)$；② 模型中的变迁 t_i 引发了一个活动 y，而此活动未在迹中观察到，此时会得到一个模型移动$(\gg, t_i)$；③ 如果 $x=y$，即在迹中观察到的活动和模型中即将产生的活动相同时，可能会得到一个同步移动(x, t_i)。

RapidAlign 方法以上述思想为主旨，意在对迹进行观察的同时运行过程模型，比对迹中活动和模型中的变迁引发活动的情况并记录，从而得到一个最优对齐图。该图中包含了所有的最优对齐。

给定过程模型 $N=(P,T;F,\alpha,m_i,m_f)$，其中 $m_i=\{p_i\}$，$m_f=\{p_f\}$。迹 $\sigma=<a_1,a_2,a_3,\cdots,a_n>$，二者之间进行拟合度检查。

模型在运行过程中，每引发一个变迁，模型就会进入一个新的状态。一般用可达标识来表示模型的状态，记录有标识的库所。标识 m 是初始标识 m_i 的可达标识当且仅当存在一系列的可引发变迁，变迁按顺序引发后使得标识从 m_i 到达 m。工作流网 N 的可达标识集合记作 $R(m_i)$。

在对齐过程中，需要记录模型到达的可达状态、迹中即将比对的活动以及当前的代价值。将此三要素作为对齐状态的描述，记录当前模型、迹以及代价的情况。该状态由前面的对齐情况所决定，同时也是继续进行对齐的前提。为了便于描述，给出形式化定义。

定义 5.1(对齐状态) 设 A 是一个活动名称集合，$\sigma=<a_1,a_2,a_3,\cdots,a_n>\in A^*$ 是一条迹且 $N=(P,T;F,\alpha,m_i,m_f)$ 是一个工作流网。对齐状态是一个形如 $\omega=(m,a,c)$ 的三元组，其中：

(1) $m\in R(m_i)$；

(2) $a\in\partial_{set}(\sigma)\cup\{\#\}$；

(3) $c\rightarrow N^{0+}$，其中 N^{0+} 是指非负整数集合。

根据对齐状态 $\omega=(m,a,c)$ 的定义，可以看出对齐状态具备三要素：m 是工作流网模型 N 的库所子集，而且是网模型的一个可达状态；a 对应着迹中的一个活动，当 a 取值为 # 时，表示迹已被观察结束；c 是一个非负整数值，代表当前代价值。

ω 记作迹 σ 与工作流网模型 N 之间所有合法的对齐状态组成的集合。

在所有的对齐状态中，有两个特殊的值，其中一个代表着对齐过程的开始，一个代表着对齐过程的结束，分别称之为源状态和终状态。

定义 5.2(源状态) 对齐状态 ω_s 满足以下两个条件，称之为源状态：

(1) $\omega_s\in\omega$；

(2) $\omega_s=(m_i,a_1,0)$。

源状态表示对齐过程的开始，此时模型中的标识还停留在初始库所中，迹中将要被观察的活动是迹中第一个活动，因为还没开始对齐所以代价值为 0。

定义 5.3(终状态) 对齐状态 ω_t 满足以下两个条件，称之为终状态：

(1) $\omega_t\in\omega$；

(2) $\omega_t=(m_f,\#,c_{max})$，其中 $c_{max}\rightarrow N^{0+}$。

终状态表示对齐过程的结束，此时模型中的标识已经到达了结束库所中，迹中所有的活动都已被读取结束，代价值是所有对齐状态中的最大值。

以对齐状态为结点，以移动为边，可以很好地标记在整个对齐过程中，包括每一步对齐所处的状态，以及在此状态下可以进行的对齐工作。由此可得一个图，称之为最优对齐图。该图有且仅有一个结点具有源状态属性，有且仅有一个结点具有终状态属性。

定义 5.4(最优对齐图)　设 A 是一个活动名称集合，$\sigma=\langle a_1,a_2,a_3,\cdots,a_n\rangle\in A^*$ 是一条迹且 $N=(P,T;F,\alpha,m_i,m_f)$ 是一个工作流网。迹 σ 与模型 N 之间的最优对齐图 $G_{oa}=(V_{oa},E_{oa})$ 是一个有向无环图，其中 V_{oa} 是有限结点集合，$E_{oa}\subseteq(V_{oa}\times V_{oa})$ 是结点之间的有向边的有限集合。该图满足以下条件：

(1) $V_{oa}\subseteq\omega$；

(2) $\exists!\ v_s\in V_{oa}:(\forall v\in V_{oa}:(v,v_s)\notin E_{oa})\Rightarrow(v_s=\omega_s)$；

(3) $\exists!\ v_t\in V_{oa}:(\forall v\in V_{oa}:(v_t,v)\notin E_{oa})\Rightarrow(v_t=\omega_t)$；

(4) 对于 $\forall v\in V_{oa}$，v 位于从 v_s 到 v_t 的路径上；

(5) $\forall e\in E_{oa}$，边 e 的权值记作 $w(e)$，其满足 $w(e)\in((\partial_{set}(\sigma)\cup\{\gg\})\times(T\cup\{\gg\}))$。

根据定义 5.4 可知，最优对齐图满足以下几个条件：① 最优对齐图中，所有的结点均由对齐状态进行标注；② 图中有且仅有一个结点标注源状态，称之为源结点；③ 图中有且仅有一个结点标注终状态，称之为终结点；④ 图中任一结点均在源结点到终结点的路径上，即任意结点与源结点、终结点之间都是连通的；⑤ 图中的边分配的权值为合法移动。

RapidAlign 方法的目的是根据给定的迹与过程模型，得到包含所有最优对齐的最优对齐图。其主要算法思想如下：

Step 1　将源结点放入优先队列。

Step 2　选取优先队列中代价值最小的结点作为当前结点。

Step 3　根据当前结点执行以下操作：

Step 3.1　迹中活动被观察到，但模型未运行，产生日志移动，得到新结点；若迹中活动读取结束，则不产生新结点。

Step 3.2　模型运行但活动未在迹中观察到，得到新结点；若模型已到达结束标识，则不产生此类新结点。

Step 3.3　如果迹中当前活动和模型中引发变迁产生的活动相同，则产生新结点；否则，不产生新结点。

Step 4 对 Step 3 中产生的新结点进行检查：

Step 4.1　判断新结点是否为终结点。如果是，记录其代价值为最优代价值,转到 Step 5;如果不是,则继续。

Step 4.2　若新结点和已有结点完全相同,则不生成新结点,但要建立一条当前结点到已有结点的有向边。

Step 4.3　若新结点的代价值大于最优对齐代价值,则放弃保存该结点。

Step 4.4　若已有结点中存在一个结点和新结点状态的前两个属性值相同,但是代价值比新结点小,则放弃保存新结点。

Step 4.5　对于所有不需要保存的新结点,执行 Step 5。

Step 4.6　保存新结点,并将新结点入队,跳至 Step 5。

Step 5　逐层检查其父结点,若其父结点没有其他子结点,则将该父结点删除。

Step 6　如果优先队列为空,跳至 Step 7;否则,跳至 Step 2。

Step 7　得到最优对齐图。

5.1.2　RapidAlign 方法实例

对齐考察迹与过程模型之间存在偏差的情况。为了更加形象清晰地表述 RapidAlign 方法的思想,以给定的迹与过程模型为例进行说明。过程模型可以是人工建立的,也可以是通过过程发现算法得到的。此外,过程模型可以是规范化的,也可以是描述性的。本章中采用的过程模型均为标签 Petri 网,同时也是合理的工作流网。

例 5.1　给定过程模型 N_{51} 如图 5-3 所示。其中,库所集合 $P_{51}=\{p_1, p_2, p_3, p_4, p_5, p_6\}$,变迁集合 $T_{51}=\{t_1, t_2, t_3, t_4\}$,流关系集合 $F_{51}=\{(p_1, t_1), (t_1, p_2), (t_1, p_3), (p_2, t_2), (p_3, t_3), (t_2, p_4), (t_3, p_5), (p_4, t_4), (p_5, t_4), (t_4, p_6)\}$;变迁与活动之间的映射关系 $\alpha_{51}(t_1)=a$、$\alpha_{51}(t_2)=b$、$\alpha_{51}(t_3)=c$、$\alpha_{51}(t_4)=\tau$,其中 τ 为不可见变迁,即其对应着过程模型中的一个变迁,但是其行为不会在迹中被观察到;$p_{i,51}=p_1$,$p_{f,51}=p_6$,初始标识 $m_{i,51}=\{p_1\}$,结束标识 $m_{f,51}=\{p_6\}$。给定迹 $\sigma_{51}=<b, a>$。

对迹 σ_{51} 与过程模型 N_{51} 进行对齐,生成最优对齐图的过程如图 5-4 所示。图中每个结点包括三个要素(m_x, a_y, c),其中 m_x 是一个库所集合,记录当前过程模型中有标识的库所,反映了当前模型所在状态以及可以引发的变迁;a_y 是迹中下一个被观察到的活动,如果此时迹中活动都被观察完,用符号"#"来表示迹读取结束;c 是一个整数值,是根据标准似然代价函数计算得到的该结点的当前代价值。图中有向边上的权值是移动名,反映了对齐过程中从前一状态到后一状态迹与模型的移动情况。

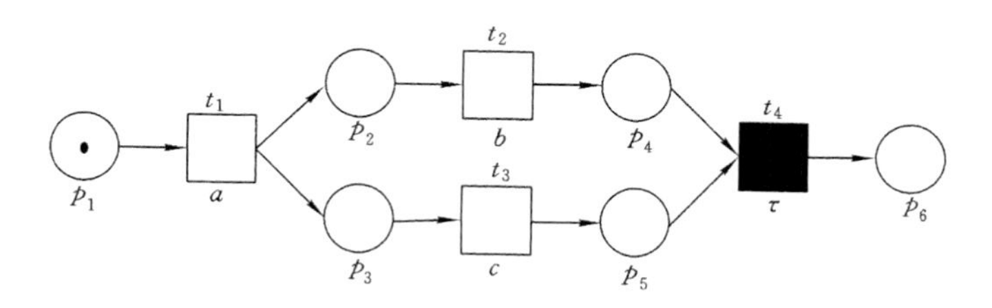

图 5-3 过程模型 N_{51}

图 5-4 描述了迹 σ_{51} 与模型 N_{51} 的对齐过程。为了更清晰地描述具体对齐过程，明确每一步对齐后模型与迹的变化情况，记录其具体执行步骤，如表 5-1 所示。

表 5-1 记录了每次对齐的当前状态即当前结点、模型中可以引发的变迁及对应的活动、产生的移动、后继结点、对后继结点的处理以及队列中的结点。在此，为每个需要保存的结点分配一个标记 $v_i(i \geqslant 0)$。另外，v' 用来表示临时生成但不需要保存的结点。并将状态为$(\{p_1\},b,0)$的结点记作 v_0。其他结点标记的下标值在生成后继结点时按照生成顺序递增。

状态之间的变化是由过程模型的运行或者迹中活动观察情况决定的，状态中代价值的变化也和二者有关。若二者仅其一被执行，则代价值要增 1；若二者的活动同步被发现，则代价值保持不变。所以图 5-4 或者表 5-1 中，可以看到当两个结点之间发生的是模型移动或者日志移动时，后继结点的代价值比当前结点要增 1；否则，若两结点之间是同步移动，则后继结点的代价值和当前结点相同。但需注意，模型中变迁 t_4 是不可见变迁 τ，即使引发，也不可能观察到任何活动。因此，虽然变迁 t_4 引发时，产生的移动$(>>,t_4)$形似模型移动，但实为同步移动。变迁 t_4 引发后生成的后继结点的代价值和其父结点相同。

根据图 5-4 或者表 5-1 可知，当新生成的后继结点中模型到达的标识和迹中即将读取的活动与某个已有结点相同，但代价值比之高时，直接放弃该后继结点，无须保存更无须入队。若两个结点的模型标识和迹中活动均相同，说明模型和迹分别处于相同的状态，则继续对齐时，两个结点的子结点相应的模型标识和迹中活动亦相同。由于后继结点的代价值比已有结点高，就会导致假设已有结点能够到达终结点，而后继结点会到达前两个属性和终结点相同但代价值比终结点高的结点，因此后继结点无法到达终结点。

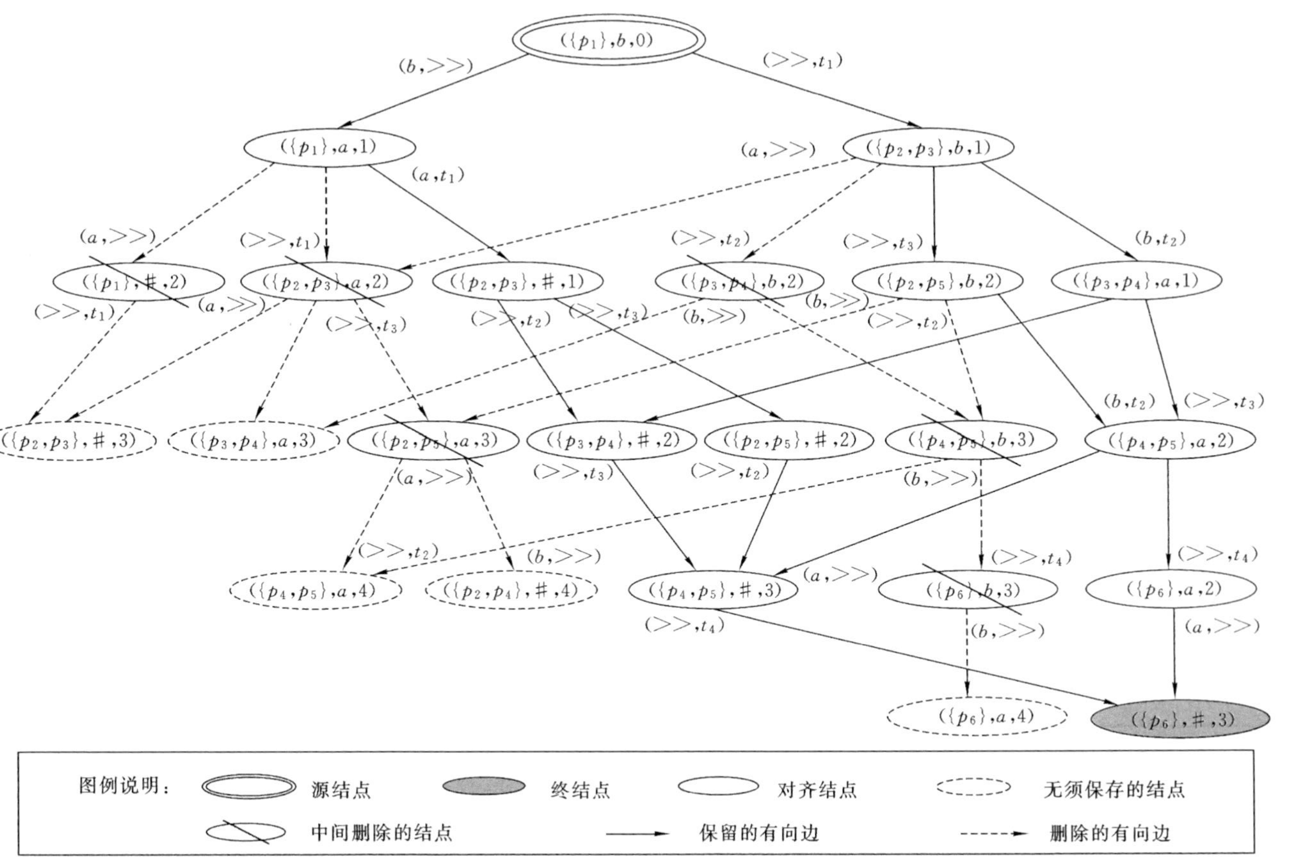

图 5-4　迹 σ_{51} 与模型 N_{51} 的对齐过程

表 5-1 迹 σ_{51} 与模型 N_{51} 的对齐过程分析

步骤	当前结点	变迁：活动	移动	后继结点名称:状态	后继结点的处理	优先队列
1	v_0	$t_1:a$	$(b,>>)$ $(>>,t_1)$	$v_1:(\{p_1\},a,1)$ $v_2:(\{p_2,p_3\},b,1)$	保存并入队 保存并入队	$\{v_1,v_2\}$
2	v_1	$t_1:a$	$(a,>>)$ $(>>,t_1)$ (a,t_1)	$v_3:(\{p_1\},\#,2)$ $v_4:(\{p_2,p_3\},a,2)$ $v_5:(\{p_2,p_3\},\#,1)$	保存并入队 保存并入队 保存并入队	$\{v_2,v_3,v_4,v_5\}$
3	v_2	$t_2:b$ $t_3:c$	$(b,>>)$ $(>>,t_2)$ $(>>,t_3)$ (b,t_2)	v_4 $v_6:(\{p_3,p_4\},b,2)$ $v_7:(\{p_2,p_5\},b,2)$ $v_8:(\{p_3,p_4\},a,1)$	已有结点 保存并入队 保存并入队 保存并入队	$\{v_3,v_4,v_5,v_6,v_7,v_8\}$
4	v_5	$t_2:b$ $t_3:c$	$(>>,t_2)$ $(>>,t_3)$	$v_9:(\{p_3,p_4\},\#,2)$ $v_{10}:(\{p_2,p_5\},\#,2)$	保存并入队 保存并入队	$\{v_3,v_4,v_6,v_7,v_8,v_9,v_{10}\}$
5	v_8	$t_3:c$	$(a,>>)$ $(>>,t_3)$	v_9 $v_{11}:(\{p_4,p_5\},a,2)$	已有结点 保存并入队	$\{v_3,v_4,v_6,v_7,v_9,v_{10},v_{11}\}$
6	v_3	$t_2:b$	$(>>,t_2)$	$v':(\{p_2,p_3\},\#,3)$	放弃 v_3 无子结点，删除 v_3	$\{v_4,v_6,v_7,v_9,v_{10},v_{11}\}$
7	v_4	$t_2:b$ $t_3:c$	$(a,>>)$ $(>>,t_2)$ $(>>,t_3)$	$v':(\{p_2,p_3\},\#,3)$ $v':(\{p_3,p_4\},a,3)$ $v_{12}:(\{p_2,p_5\},a,3)$	放弃 放弃 保存并入队	$\{v_6,v_7,v_9,v_{10},v_{11},v_{12}\}$
8	v_6	$t_3:c$	$(b,>>)$ $(>>,t_3)$	$v':(\{p_3,p_4\},a,3)$ $v_{13}:(\{p_4,p_5\},b,3)$	放弃 保存并入队	$\{v_7,v_9,v_{10},v_{11},v_{12},v_{13}\}$
9	v_7	$t_2:b$ $t_3:c$	$(b,>>)$ $(>>,t_2)$ (b,t_2)	v_{12} v_{13} v_{11}	已有结点 已有结点 已有结点	$\{v_9,v_{10},v_{11},v_{12},v_{13}\}$
10	v_9	$t_3:c$	$(>>,t_3)$	$v_{14}:(\{p_4,p_5\},\#,3)$	保存并入队	$\{v_{10},v_{11},v_{12},v_{13},v_{14}\}$
11	v_{10}	$t_2:b$	$(>>,t_2)$	v_{14}	已有结点	$\{v_{11},v_{12},v_{13},v_{14}\}$
12	v_{11}	$t_4:\tau$	$(a,>>)$ $(>>,t_4)$	v_{14} $v_{15}:(\{p_6\},a,2)$	已有结点 保存并入队	$\{v_{12},v_{13},v_{14},v_{15}\}$

表 5-1(续)

步骤	当前结点	变迁:活动	移动	后继结点名称:状态	后继结点的处理	优先队列
13	v_{15}	无	$(a,\gg)$	v_{16}:$(\{p_6\},\#,3)$	保存,且标记为终结点	$\{v_{12},v_{13},v_{14}\}$
14	v_{12}	t_2:b	$(a,\gg)$ $(\gg,t_2)$	v':$(\{p_2,p_5\},\#,4)$ v':$(\{p_4,p_5\},a,4)$	放弃 放弃 删除 v_{12}	$\{v_{13},v_{14}\}$
15	v_{13}	t_4:τ	$(b,\gg)$ $(\gg,t_4)$	v':$(\{p_4,p_5\},a,4)$ v_{17}:$(\{p_6\},b,3)$	放弃 保存并入队	$\{v_{14},v_{17}\}$
16	v_{14}	t_4:τ	$(\gg,t_4)$	v_{16}	已有结点	$\{v_{17}\}$
17	v_{17}	无	$(b,\gg)$	v':$(\{p_6\},a,4)$	放弃 删除 v_{17}, 及 v_{13}、v_6	空

同样,若后继结点的代价值比已经得到的最优代价值高,该后继结点将无法到达终结点,直接放弃即可。因为在对齐过程中,代价值只会增不会减,所以一旦某个结点的代价值高于终结点,则该结点将无法到达终结点。一个结点无法到达终结点,说明该结点不在生成最优对齐的路径上,因此无须保存和入队。当一个结点被考察过其后继结点,而无任何后继结点需要保存时,则该结点也永远无法到达终结点,删除该结点。

当模型 N_{51} 的标识到达结束库所“p_6”、迹 σ_{51} 中活动读取到结束标志“#”时,对齐过程到达终结点,此时状态的第三个属性就是基于标准似然代价函数的迹 σ_{51} 与模型 N_{51} 之间的最优对齐代价值。由于标准似然代价函数的特殊性,该代价值也和最优对齐中包含的偏差数相同。在本例中,最优对齐的代价值为 3。因为工作流网的结束库所没有输出弧,所以终结点不会有后继结点。因此,在 RapidAlign 算法中,终结点只需保存无须入队。

将图 5-4 中“无须保存的结点”“中间删除的结点”“删除的有向边”去掉,只保留“源结点”“终结点”“对齐结点”“保留的有向边”等有效结点,得到迹 σ_{51} 与模型 N_{51} 的最优对齐图,如图 5-5 所示。从该图中,可以得到迹 σ_{51} 与模型 N_{51} 的一个最优对齐以及所有最优对齐。

5.1.3 RapidAlign 方法实现

在给出 RapidAlign 方法的主要算法思想,以及用 RapidAlign 方法实现

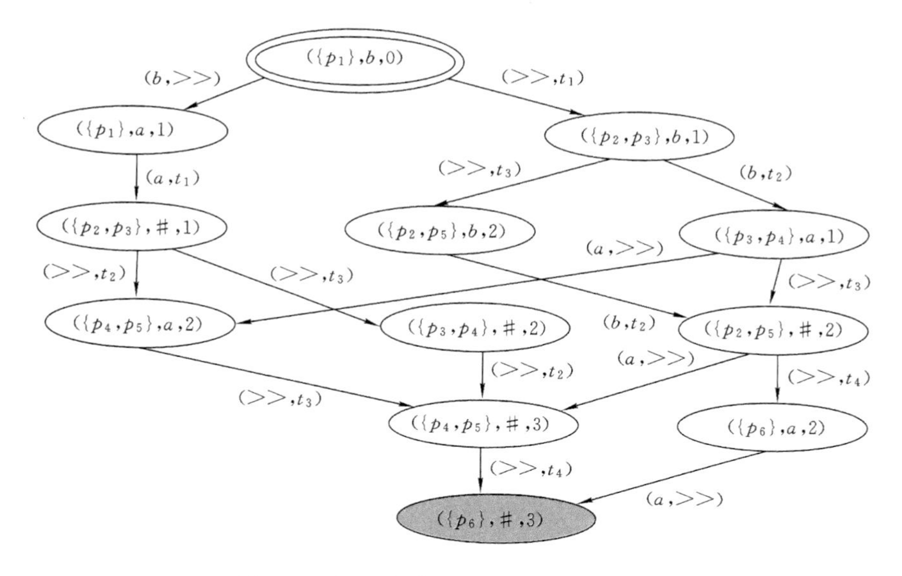

图 5-5 迹 σ_{51} 与模型 N_{51} 的最优对齐图 G_1

具体实例——计算迹 σ_{51} 与模型 N_{51} 的最优对齐之后，本节给出 RapidAlign 算法的具体实现。下面给出该方法的详细执行步骤伪代码。首先，给出所需数据结构以及相应变量的声明：

sourcenode：源结点；

targetnode：终结点；

pqueue：优先队列，存储待考察的结点；

visitedNodesSet：已访问结点集；

currnode：当前访问结点；

succnode：后继结点；

edge：有向边，包括三个属性：起始结点，终止结点和移动名称；

visitedEdgesSet：已访问有向边集；

cost：最优对齐的代价值；

(P_x, a_y, c)：对齐状态。

除此之外，还有一些临时变量，在此就不一一介绍。

另外，算法中用到两个比较重要的函数：

father(node)：计算结点 node 的父结点集；

children(node)：计算结点 node 的子结点集。

上述函数功能明确，实现简单，不再展开说明。

算法 5.1 生成最优对齐图。

输入：迹 $\sigma=<a_1,a_2,a_3,\cdots,a_n>$和工作流网模型 $N=(P,T;F,\alpha,m_i,m_f)$。

输出：最优对齐图 $G_{oa}=(V_{oa},E_{oa})$。

初始化：cost←+∞; pqueue←∅; visitedNodesSet←∅; visitedEdgesSet←∅; a_{n+1}←"#"; $\sigma\leftarrow<a_1,a_2,a_3,\cdots,a_n,a_{n+1}>$。

主函数：RapidAlign(σ,N)

1.sourcenode←({p_1},a,0);

2.pqueue←{sourcenode};//将源结点入队

3.DO{

4.mincost←∞;

5.FOR(i←1;i≤|pqueue|;i++) DO

6. {$node_i \in$ pqueue;

7.IF($\pi_3(node_i) < mincost$)

8. {currnode←$node_i$;}}//将目前代价最小的结点作为当前结点

9.$P_x \leftarrow \pi_1$(currnode);

10.$a_y \leftarrow \pi_2$(currnode);

11.$c_z \leftarrow \pi_3$(currnode);

12.flag←0;

13.IF($a_y \neq$"#") THEN

14.{ succnode←(P_x,a_{y+1},c_z+1);

15.edge←(currnode,succnode,($a_y,>>$));

16.CALL CheckNode(succnode,edge);}//生成日志移动

17.IF($P_x \neq \{p_f\}$) THEN

18. {FOR(i←1;i≤|T|;i++) DO

19. {IF($^{\cdot}t_i \subseteq P_x$) THEN

20. {succnode←($P_x-{}^{\cdot}t_i+t_i{}^{\cdot},a_y,c_z+1$);

21.edge←(currnode,succnode,($>>,t_i$));

22. CALL CheckNode(succnode,edge);//生成模型移动

23.IF($\alpha(t_i)=a_y$) THEN

24. {succnode←($P_x-{}^{\cdot}t_i+t_i{}^{\cdot},a_{y+1},c_z$);

25.edge←(currnode,succnode,(a_y,t_i));

26. CALL CheckNode(succnode,edge);}}}//生成同步移动

27.IF(flag=0) THEN

28. {node←currnode;

29.DO{

30.visitedNodesSet←visitedNodesSet－{node};

31.edge←(father(node),node,(>>,t_i));

32. visitedEdgesSet←visitedEdgesSet－{edge};

33. node←father(node);//检查删除结点的父结点,若无子结点,则删除

34. {WHILE(children(node)=∅);}

35.pqueue←pqueue－{currnode};

36.{WHILE(pqueue≠∅);

37.V_{oa}←visitedNodesSet;

38.E_{oa}←visitedEdgesSet;

39.RETURN $G_{oa}=(V_{oa},E_{oa})$;

子函数:CheckNode(succnode,edge)

1. {$P_x{}'$←π_1(succnode);

2.$a_y{}'$←π_2(succnode);

3.$c_z{}'$←π_3(succnode);

4.IF($P_x{}'$≠{p_f} AND $a_y{}'$≠"#") THEN

5. {flag←1;

6.cost←$c_z{}'$;

7.targetnode←succnode;

8.visitedNodesSet←visitedNodesSet∪{succnode};

9.visitedEdgesSet←visitedEdgesSet∪{edge};

10.RETURN;}

11.IF((∃node∈visitedNodesSet) AND (node=succnode)) THEN

12. {flag←1;

13.edge←(currnode,node,(>>,t_i))

14.visitedEdgesSet←visitedEdgesSet∪{edge};

15.RETURN;}//若存在相同结点,则只生成边,不再生成新结点

16.IF(($c_z{}'$>cost) OR ((∃node∈visitedNodesSet) AND (π_1(node)=

P_x') AND (π_2(node)$=a_y'$) AND (π_3(node)$<c_z'$))) THEN

17. {RETURN;}//若存在对齐状态相同且代价更小的结点，则放弃边和结点的生成

18. flag←1;

19. visitedNodesSet←visitedNodesSet∪{succnode};

20. visitedEdgesSet←visitedEdgesSet∪{edge};

21. pqueue←pqueue∪{succnode};

22. RETURNR;}//生成新结点以及新边，且将新结点入队

RapidAlign 方法的具体算法分为两个部分，一是主函数 RapidAlign()部分，二是子函数 CheckNode()部分。RapidAlign()是算法的主体，实现了整个算法的功能。CheckNode()主要实现对后继结点的检查，根据后继结点的状态，决定对后继结点进行相应的处理。因为每个当前结点要生成至少两个不同的后继结点，而每个后继结点都要进行状态判断。因此在主函数中，实现判断功能的部分要重复多次出现。将该部分组织成一个子函数，在算法实现时，将会提高代码的可重用性和简洁度。

5.2 基于最优对齐图方法的性能分析

5.2.1 RapidAlign 方法的健壮性分析

一般情况下，工作流网的合理性能够保证 RapidAlign 方法的正确性，但是在实际的工作流网中还可能存在不可见变迁或者重复变迁会影响方法的具体执行，另外迹中可能也会出现重复活动。为了保证程序的健壮性，对以下情况进行专门说明：

(1) 模型中存在重复变迁

所谓重复变迁，是指工作流网中，两个不同的变迁具有相同的活动名。对齐过程中，移动记录的是模型中的变迁名而非活动名。由于在工作流网模型中，变迁名是唯一的，即使出现活动名相同的变迁也不会对 RapidAlign 方法造成影响。

例如工作流网模型 $N=(P,T;F,\alpha,m_i,m_f)$ 中有两个重复变迁，如图 5-6所示。

在模型 N 中存在变迁 t_{x1} 和 t_{x2} 具有相同的活动名 a_x。两个变迁分别在标识 m_{x1} 和 m_{x2} 下可引发。在对齐过程中，分别选择其中一种状态(m_{x1}, a_{y1}, c_{z1})和(m_{x2}, a_{y2}, c_{z2})。在状态(m_{x1}, a_{y1}, c_{z1})下，可能会产生三种移动

图 5-6　重复变迁

$(a_{y1},>>)$、$(>>,t_{x1})$、(a_{y1},t_{x1})，得到三种新状态$(m_{x1},b_{y1},c_{z1}+1)$、$(m_{x1}-{}^{\bullet}t_i+t_i^{\bullet},a_{y1},c_{z1}+1)$、$(m_{x1}-{}^{\bullet}t_i+t_i^{\bullet},b_{y1},c_{z1})$。在状态$(m_{x2},a_{y2},c_{z2})$下，可能会产生三种移动$(a_{y2},>>)$、$(>>,t_{x2})$、$(a_{y2},t_{x2})$，得到三种新状态$(m_{x2},b_{y2},c_{z2}+1)$、$(m_{x2}-{}^{\bullet}t_i+t_i^{\bullet},a_{y2},c_{z1}+1)$、$(m_{x2}-{}^{\bullet}t_i+t_i^{\bullet},b_{y2},c_{z2})$。对于这些新产生的结点，即使它们所处的模型状态相同或者迹中活动相同，也不会由于重复变迁造成算法的异常。在生成对齐结点的过程中直接根据算法 5.1 中描述的操作来处理即可。

而且也不会因为重复变迁使得最优对齐结果发生变化，即使两个变迁的输入库所集和输出库所集完全相同，生成的最优对齐图中也会记录下移动完全不同的有向边。

例 5.2　给定过程模型 N_{51} 如图 5-7(a)所示。其中，库所集合 $P_{52}=\{p_1,p_2,p_3\}$，变迁集合 $T_{52}=\{t_1,t_2\}$，流关系集合 $F_{52}=\{(p_1,t_1),(t_1,p_2),(p_2,t_2),(t_2,p_3)\}$；变迁与活动之间的映射关系 $\alpha_{52}(t_1)=a$、$\alpha_{52}(t_2)=a$；$p_{i,52}=p_1$，$p_{f,52}=p_3$，初始标识 $m_{i,52}=\{p_1\}$，结束标识 $m_{f,52}=\{p_3\}$。迹 $\sigma_{52}=\langle a\rangle$。

基于似然代价函数模型 N_{52} 与迹 σ_{52} 之间存在两个最优对齐如图 5-7(b)所示。使用 RapidAlign 方法得到最优对齐图如图 5-7(c)所示。

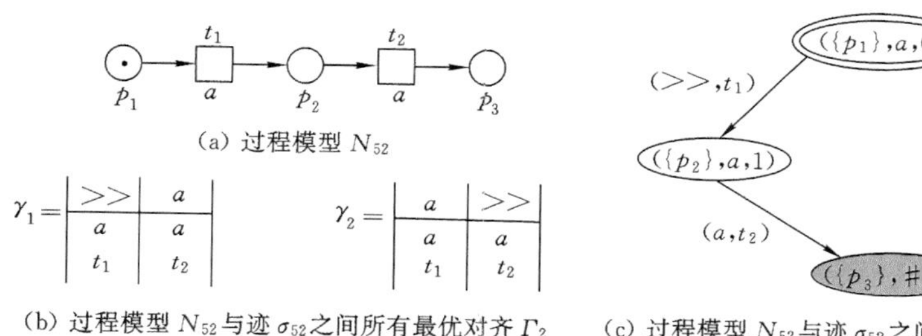

(b) 过程模型 N_{52} 与迹 σ_{52} 之间所有最优对齐 Γ_2　(c) 过程模型 N_{52} 与迹 σ_{52} 之间的最优对齐图 G_2

图 5-7　RapidAlign 方法应用例 5.2

通过例 5.2 可以看出，模型中重复变迁在 RapidAlign 方法中的处理方式和普通变迁是一样的。因此，含有重复变迁的模型在与迹进行对齐时，使用 RapidAlign 方法能够得到正确的运行结果。

(2) 迹中观测到重复活动

循环结构是工作流网基本结构之一。由于循环结构的存在，迹中观测到重复出现的活动是非常普遍的。

在对齐过程中，如图 5-3 和图 5-5 所示，对齐状态采用活动名来标记迹中活动观测到的位置，则算法 5.1 不能处理存在重复活动的迹。例如，迹 $\sigma=<\cdots,a_y,\ \cdots,a_y,\cdots>$与模型 $N=(P,T;\ F,\alpha,m_i,m_f)$。

在对齐过程中，假设当模型 N 的标识为 m_x时，迹中活动已观测到第 1 个 a_y，此时对齐状态记作(m_x,a_y,c_{z1})。迹中活动也可能观测到了第 2 个 a_y，此时对齐状态记作(m_x,a_y,c_{z2})。模型标识保持不变说明模型可能并没有运行，此阶段只是不断地观测迹中的活动。因此，状态(m_x,a_y,c_{z1})肯定先于状态(m_x,a_y,c_{z2})出现。那么一定存在 $c_{z1}\leqslant c_{z2}$。若 $c_{z1}=c_{z2}$，直接将两个结点合并即可；若 $c_{z1}<c_{z2}$，根据算法 5.1 状态(m_x,a_y,c_{z2})在生成之后会直接被放弃，不进行存储。不仅如此，从其父结点指向它的有向边也不会存储，并会逐层检查其父结点进行删除或者保留工作。这是不合理的。

从状态的表现形式上分析，状态(m_x,a_y,c_{z1})和状态(m_x,a_y,c_{z2})的前两个属性相同。但是，二者的 a_y却有完全不同的含义。如果在状态中不将两个 a_y区分开，就会导致后一个状态(m_x,a_y,c_{z2})所在的最优对齐信息被删除。最终，RapidAlign 方法得到的最优对齐图和预期的不一样。

但是，如果在对齐的过程中，状态记录的是迹中观察到的活动的序号。这个问题就解决了。因为序号是唯一的，即使两个相同的活动名，若在迹中的位置不同，则序号也不相同。

例 5.3 给定过程模型 N_{53}如图 5-8(a)所示。其中，库所集合 $P_{53}=\{p_1,p_2\}$，变迁集合 $T_{53}=\{t_1\}$，流关系集合 $F_{53}=\{(p_1,t_1),(t_1,p_2)\}$；变迁与活动之间的映射关系 $\alpha_{53}(t_1)=a$；$p_{i,53}=p_1$，$p_{f,53}=p_2$，初始标识 $m_{i,53}=\{p_1\}$，结束标识 $m_{f,53}=\{p_2\}$。迹 $\sigma_{53}=<a,a>$。

基于似然代价函数模型 N_{53}与迹 σ_{53}之间存在两个最优对齐如图 5-8(b)所示。RapidAlign 方法中对齐状态第 2 个属性用迹中活动名表示，得到错误最优对齐图如图 5-8(c)所示；用迹中活动序号表示，得到正确最优对齐图如图 5-8(d)所示。

例 5.3 中，迹 σ_{53}中存在重复活动，若 RapidAlign 方法执行过程中，对齐状

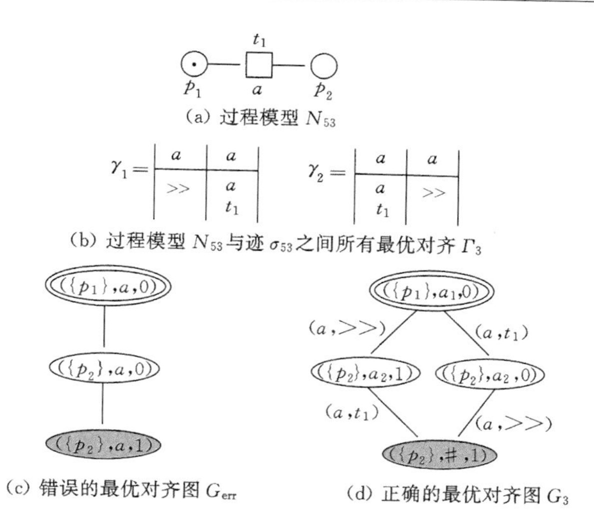

(a) 过程模型 N_{53}

(b) 过程模型 N_{53}与迹 σ_{53}之间所有最优对齐 Γ_3

(c) 错误的最优对齐图 G_{err}　　(d) 正确的最优对齐图 G_3

图 5-8　RapidAlign 方法应用例 5.3

态的第 2 个属性采用迹中活动名表示，则其执行过程如下：① 以源结点$(\{p_1\},a,0)$为当前结点，若发生日志移动$(a,>>)$得到后继结点$(\{p_1\},a,1)$，该结点和已有结点$(\{p_1\},a,0)$相比，二者前两个属性相同，后继结点的代价高于已有结点，因此不保存该后继结点；若发生模型移动$(>>,t_1)$则得到后继结点$(\{p_2\},a,1)$，存储并入队；若发生同步移动(a,t_1)则得到后继结点$(\{p_2\},a,0)$；② 选择代价值最小且没访问过的结点$(\{p_2\},a,0)$作为当前结点，此时只会发生日志移动$(a,>>)$到达后继结点$(\{p_2\},\#,1)$，该结点为终结点；③ 以结点$(\{p_2\},a,1)$作为当前结点，发生日志移动$(a,>>)$到达后继结点$(\{p_2\},\#,2)$，该结点状态前两个属性和终结点相同，但是代价值要高，因此放弃该结点，其父结点$(\{p_2\},a,1)$因无其他子结点，也被删除。执行结束，得到最优对齐图 G_{err}如图 5-8(c)所示。

显然，最优对齐图 G_{err}中无法找到所有的最优对齐集合 Γ_3。错误的原因在于，当计算源结点$(\{p_1\},a,0)$的后继结点时，若发生移动$(a,>>)$则得到后继结点$(\{p_1\},a,1)$。此时，系统记录的这两个结点的前两个属性相同，按照 RapidAlign 方法的要求，后继结点直接放弃。这个操作是不合理的。因为，在 RapidAlign 方法思想中，状态的前两个属性分别代表模型所处的状态和迹中观测到的活动。当两个状态的前两个属性相同时，说明模型与迹都处于相同的状态。此时，将代价值大的结点直接放弃即可。在该例中，虽然结点$(\{p_1\},a,0)$和结点$(\{p_1\},a,1)$的前两个属性相同，但是迹肯定是处于不同的状态的，结点$(\{p_1\},a,0)$和结点$(\{p_1\},a,1)$的日志事件具有相同的名称，但确是迹中不同的两个活动。即结点$(\{p_1\},a,1)$是一个不同于结点$(\{p_1\},a,0)$的新状态，不可以放弃。

若 RapidAlign 方法执行过程中，对齐状态的第 2 个属性采用迹中活动的序号表示，则执行结果能够得到一个正确的最优对齐图，如图 5-8(d)所示。图 5-8(d)中，对齐状态的第 2 个属性仍然使用活动名，采用序号作为活动的下标值。因为序号是迹中活动的唯一标识，即使名称相同的活动也可以通过序号进行区分。如此就不会出现迹中活动观测到不同的位置，却采用相同的标记进行记录的情况。

(3) 模型中存在不可见变迁

例 5.1 中，选择使用的过程模型 N_{51} 中就含有不可见变迁。虽然不可见变迁的处理异于普通变迁，但是 RapidAlign 方法是可以正确处理的。其主要体现在，在不可见变迁引发时，没有任何观测到的行为，代价值也是保持不变的。但是不可见变迁在工作流网中的位置或者与其他库所变迁的相对位置是有多种可能情况的。当工作流网中带有不可见变迁自循环结构时，RapidAlign 方法的运行结果和预期结果就不一样。

假设在对齐过程中，当前状态为(m_{x1},a_y,c_z)，m_{x1} 为模型的当前标识状态。假设此时有不可见变迁 t_x 可以引发，不可见变迁的引发不会引起观测行为和代价值的变化。因此，t_x 引发后，对齐状态变为(m_{x2},a_y,c_z)。若 $m_{x1}=m_{x2}$，则状态(m_{x1},a_y,c_z)和状态(m_{x2},a_y,c_z)完全相同，在最优对齐图中对应同一个结点。如图 5-9 所示，工作流网中含有不可见变迁的自循环时，就符合上述假设情况。

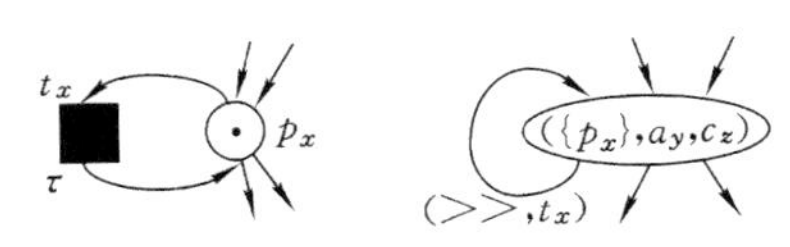

图 5-9 工作流网中带有不可见变迁自循环及其对齐情况

例 5.4 给定过程模型 N_{54} 如图 5-10(a)所示。其中，库所集合 $P_{54}=\{p_1,p_2,p_3\}$，变迁集合 $T_{54}=\{t_1,t_2,t_3\}$，流关系集合 $F_{54}=\{(p_1,t_1),(t_1,p_2),(p_2,t_2),(p_2,t_3),(t_3,p_2),(t_2,p_3)\}$；变迁与活动之间的映射关系 $\alpha_{54}(t_1)=a$、$\alpha_{54}(t_2)=b$、$\alpha_{54}(t_3)=\tau$；$p_{i,54}=p_1$，$p_{f,54}=p_3$，初始标识 $m_{i,54}=\{p_1\}$，结束标识 $m_{f,54}=\{p_3\}$。给定迹 $\sigma_{54}=<a>$。

RapidAlign 方法计算结果如图 5-10(b)所示。该图并不符合定义 5.4 给出的最优对齐图的定义。原因主要由两个方面：① 该图中有环结构，而最优对齐图是有向无环图；② 图中存在结点无法到达终结点，而最优对齐图中要求所有结点都在源结点到终结点之间的某条路径上。如图 5-10(c)所示，模型 N_{54} 与迹 σ_{54} 之间的最优对齐有无穷多个，想要获得所有的最优对齐既没有必要也不现实。因此，RapidAlign 方法在处理含有不可见变迁自循环的工作流网模型时，可能会出现异常。

在此说明，并不是所有带有不可见变迁结构的工作流网模型与迹对齐时都会出现异常。因为对齐本身不仅和工作流网有关，也和迹相关。

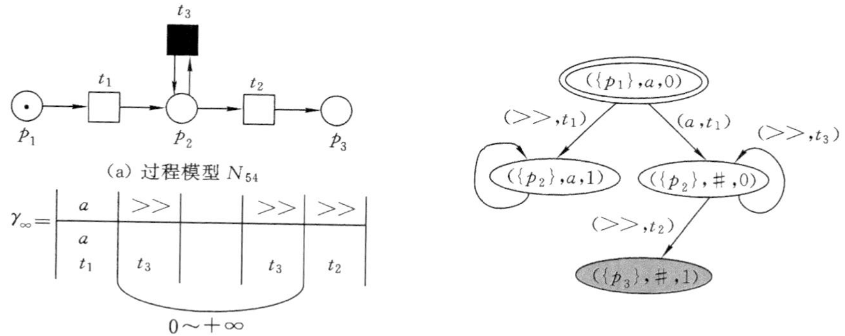

图 5-10　RapidAlign 方法应用例 5.4

例 5.5　给定过程模型 N_{55} 如图 5-11(a)所示。其中，库所集合 $P_{55}=\{p_1,p_2,p_3\}$，变迁集合 $T_{55}=\{t_1,t_2,t_3,t_4\}$，流关系集合 $F_{55}=\{(p_1,t_1),(t_1,p_2),(p_2,t_2),(p_2,t_3),(t_3,p_2),(t_2,p_3),(p_1,t_4),(t_4,p_3)\}$；变迁与活动之间的映射关系 $\alpha_{55}(t_1)=a$、$\alpha_{55}(t_2)=b$、$\alpha_{55}(t_3)=\tau$、$\alpha_{55}(t_4)=\tau$；$p_{i,55}=p_1$，$p_{f,55}=p_3$，初始标识 $m_{i,55}=\{p_1\}$，结束标识 $m_{f,55}=\{p_3\}$。给定迹 $\sigma_{55}=\langle c\rangle$。

过程模型 N_{55} 中虽然也有不可见变迁自循环结构，但是迹 σ_{55} 在与之使用 RapidAlign 方法对齐时，可以得到正确的最优对齐图，如图 5-11(b)所示。σ_{55} 是一条与模型 N_{55} 完全拟合的迹，其最优对齐如图 5-11(c)所示。

如果迹 $\sigma_{55}'=\langle a\rangle$ 与过程模型 N_{55} 使用 RapidAlign 方法对齐，则其计算结果如图 5-10(b)所示。二者之间的最优对齐情况图 5-10(c)所示。

同一个带有不可见变迁自循环的过程模型使用 RapidAlign 方法与不同的迹对齐时，结果有很大的差异。这是因为在计算过程中，会对状态结点进行放弃处理，若保留的状态结点中存在一个状态其记录的工作流网的标识库所

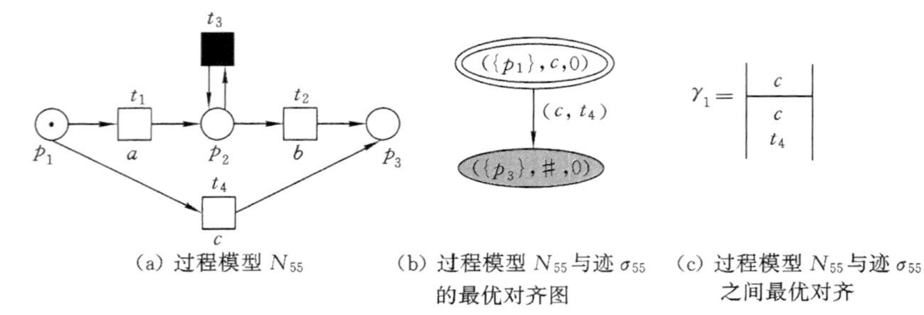

(a) 过程模型 N_{55}　(b) 过程模型 N_{55} 与迹 σ_{55} 的最优对齐图　(c) 过程模型 N_{55} 与迹 σ_{55} 之间最优对齐

图 5-11　RapidAlign 方法应用例 5.5

是不可见变迁的前集，此时该不可见变迁是使能的，则计算结果异常；若保留的状态结点中任何一个状态记录的工作流网的标识库所都不是不可见变迁的前集，该不可见变迁也不可能使能，则计算结果与预期的一样。

总之，带有不可见变迁自循环的工作流网不适合使用 RapidAlign 方法计算最优对齐。除此之外，还有其他一些情况，RapidAlign 方法同样也不适用。首先，给出定义 5.5 描述工作流网的一种特殊结构。

定义 5.5(不可见变迁循环结构)　设 A 是一个活动名称集合，$N=(P,T;F,\alpha,m_i,m_f)$ 是 A 上的一个工作流网。一个合法的变迁引发序列 $t_1t_2t_3\cdots t_n(n\geqslant 1)$ 构成工作流网的一个不可见变迁循环结构，当且仅当满足以下条件：

(1) $t_1=t_2=t_3=\cdots=t_n=\tau$；

(2) $\exists m_x\in R(m_i):((m_x[t_1t_2t_3\cdots t_n\rangle m_y)\wedge(m_y=m_x))$。

工作流网的不可见变迁循环结构由一系列不可见变迁组成，而该系列不可见变迁在工作流网中能够连续引发，且它们引发前后，工作流网的状态不变，即它们以及它们的前后集库所构成了一个循环结构。当 $n=1$ 时，不可见变迁循环结构就是上面讨论的不可见变迁自循环。

带有不可见变迁循环结构的工作流网与迹对齐时，可能会产生无限多个最优对齐。此时，使用 RapidAlign 方法无法得到预期的最优对齐图。

为了使得 RapidAlign 方法能够得到正确的运行结果，对于带有不可见变迁循环结构的工作流网进行预处理。预处理的方式可以是化简，将该特殊结构去掉。因为不可见变迁本身就没有可观测到的行为，所以化简后的工作流网可观测到的活动序列和原始工作流网是等价的。以带有不可见变迁自循环结构的工作流网为例，其化简效果如图 5-12 所示。

将该化简思想推广到带有不可见变迁循环结构的工作流网 $N=(P,T;$

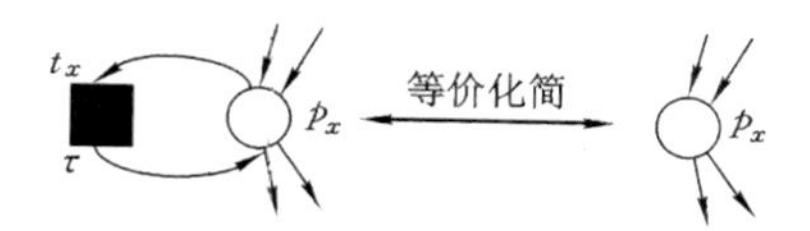

图 5-12　带有不可见变迁自循环工作流网的局部化简

F,α,m_i,m_f)。$t_1t_2t_3\cdots t_n$构成该网的不可见变迁循环结构。在化简时,只需将变迁 $T_\tau=\{t_1,t_2,t_3,\cdots,t_n\}$、变迁相连接的弧、孤立库所去掉即可。得到的新网 $N'=(P',T';F',\alpha,m_i,m_f)$可以模拟的活动序列和原网等价,其中 $T'=T-T_\tau$,$P_\tau=\bigcup_{t_i\in T_\tau}(^\cdot t_i\cup t_i{}^\cdot)$,$F'=F-((P_\tau\times T_\tau)\cap F)$,$P'=\bigcup_{t_i\in T'}(^\cdot t_i\cup t_i{}^\cdot)$。

5.2.2　RapidAlign 方法的有效性分析

在 5.2.1 中,讨论了若工作流网带有不可见变迁循环结构,可能会引起 RapidAlign 方法的异常,并给出了解决办法:使用 RapidAlign 方法之前,先对工作流网进行预处理,将其化简为等价的不带不可见变迁循环结构的工作流网。因此,本书只考虑不带有不可见变迁循环结构的工作流网使用 RapidAlign 方法的正确性。

假设工作流网模型 $N=(P,T;F,\alpha,m_i,m_f)$是一个合理的工作流网,$|P|$代表模型中的库所数。工作流网 N 从标识 m_i 可达的一切标识的集合记作 $R(m_i)$,且 $m_i\in R(m_i)$,$|R(m_i)|$表示模型 N 可达标识个数。迹 $\sigma=<\sigma[1],\sigma[2],\sigma[3],\cdots,\sigma[n]>$,迹的长度记作$|\sigma|$。$\Gamma^o_{\sigma,N,lc}$记作迹 σ 与工作流网模型 N 之间基于标准似然代价函数 $lc((a,t))$的所有最优对齐的集合。最优对齐图 $G_{oa}=(V_{oa},E_{oa})$是基于迹 σ 与工作流网模型 N 使用 RapidAlign 方法求得的有向无环图,$|V_{oa}|$表示最优对齐图 G_{oa}中的结点个数。G_{oa}中从源结点到终结点的所有路径采用其所遍历边的权值形成的序列来标记,所有权值序列组成的集合记作Λ_{oa}。

基于上述的条件设定,可以得到以下的结论。

定理 5.1　设 $R(m_i)$是工作流网 $N=(P,T;F,\alpha,m_i,m_f)$从初始标识 m_i 可达的一切标识的集合,则$|R(m_i)|\leqslant 1+2^{|P|-2}$(其中,$|R(m_i)|$表示网 N 可达标识数,$|P|$是网 N 的库所数)。

证明:工作流网模型 $N=(P,T;F,\alpha,m_i,m_f)$是一个合理的工作流网,根据工作流网的定义及工作流网合理性的定义可知,$\forall m\in R(m_i)\wedge p\in P:m(p)\leqslant 1$,即$\forall m\in R(m_i)\wedge p\in P:m(p)=0\vee m(p)=1$:

(1) 因为$\{p\in P\mid {}^\cdot p=\varnothing\}=\{p_i\}$且 $m_i=\{p_i\}$,所以$\exists!\ m:m(p_i)=1$,此

时 $m=m_i$ 且 $\forall p \in P-\{p_i\}: m(p)=0$；

(2) 因为 $\forall m \in R(m_i):(m_f(p) \leqslant m(p)) \Rightarrow m=m_f$ 且 $m_f=\{p_f\}$，所以$\exists!$ $m: m(p_f)=1$，此时 $m=m_f$ 且 $\forall p \in P-\{p_f\}: m(p)=0$；

③ $(\forall m \in R(m_i) \wedge m(p_i)=0 \wedge m(p_f)=0) \wedge (p \in P-\{p_i, p_f\}):(m(p)=0 \vee m(p)=0) \wedge (\sum m \in R(mi) m(p) \neq 0)$，此时可能的可达状态数为 $2^{|P|-2}-1$。

因此，$|R(m_i)| \leqslant 1+2^{|P|-2}$。

根据工作流网合理性的定义，合理的工作流网是安全的，因此任意可达标识中，每个库所中的托肯数只能是 0 或者 1。根据工作流网的定义，因为初始库所 p_i 的前集为空，所以只有在初始标识 m_i 时，p_i 中托肯数为 1，此时其他库所的托肯数均为 0；否则 p_i 中托肯数为 0。因为结束库所 p_f 的后集为空且根据工作流网的“恰当完成”合理性，只有在结束标识时，p_f 中托肯数为 1，此时其他库所的托肯数均为 0；否则 p_f 中托肯数为 0。除了初始标识和结束标识，当 p_i 和 p_f 中托肯数均为 0 时，库所 $p \in P-\{p_i, p_f\}$的托肯数可能是 0 也可能是 1，但模型 N 中不可能所有的库所中都没有托肯，此时可能会出现的合法可达标识数是 $2^{|P|-2}-1$。综上所述，工作流网模型 N 从初始标识开始的可达标识集中元素个数小于等于 $2^{|P|-2}+1$。

定理 5.2 设 V_{oa}是迹 σ 与模型 $N=(P, T; F, \alpha, m_i, m_f)$基于代价函数 $lc()$的最优对齐图的结点集，$R(m_i)$是网 N 从初始标识 m_i 可达的一切标识的集合，则 $|V_{oa}| \leqslant |R(m_i)| \times (|\sigma|+1)$（其中，$|V_{oa}|$表示最优对齐图的结点数，$|R(m_i)|$表示网 N 可达标识数，$|\sigma|$表示迹长度）。

证明：扩充迹 σ 为 $\sigma'=\sigma \oplus <\#>=<\sigma[1], \sigma[2], \sigma[3], \cdots, \sigma[n], \#>$，则 $|\sigma'|=|\sigma|+1$。$a_i \in \partial_{set}(\sigma')$标记序列 σ'中的元素，其中 $1 \leqslant i \leqslant |\sigma'|$。

根据算法 5.1，$\forall v \in V_{oa}: v=(m_x, a_y, c_z)$。假设存在结点 $v_1=(m_{x1}, a_{y1}, c_{z1})$和结点 $v_2=(m_{x2}, a_{y2}, c_{z2})$，且 $m_{x1}=m_{x2} \wedge a_{y1}=a_{y2}$，则 $c_{z1}=c_{z2}$，从而 $v_1=v_2$。否则，若 $c_{z1}<c_{z2}$，则 v_2 被直接放弃，不存储；同样，若 $c_{z1}>c_{z2}$，则 v_1 被直接放弃。所以$\forall v=(m_x, a_y, c_z) \in V_{oa}$，当 m_x和 a_y的取值确定时，c_z的取值是唯一的。因此，v 可由 m_x、a_y唯一确定。

假设最优对齐的代价值为 c_{min}，若$\forall m_x \in R(m_i) \wedge \forall a_y \in \partial_{set}(\sigma')$，$\exists c_z \leqslant c_{min}$使得 $v=(m_x, a_y, c_z) \in V_{oa}$，则$|V_{oa}|=|R(m_i)| \times |\sigma'|$；若$\exists m_x \in R(m_i) \wedge \exists a_y \in \partial_{set}(\sigma')$使得 $c_z>c_{min}$，则对齐状态(m_x, a_y, c_z)在算法 5.1 中直接被放弃，此时$|V_{oa}|<|R(m_i)| \times |\sigma'|$。

因此，$|V_{oa}| \leqslant |R(m_i)| \times (|\sigma|+1)$。

根据算法 5.1 主要算法思想，最优对齐图中的结点由对齐状态确定。而对齐状态包括三要素：模型的可达标识、迹的当前活动、当前最小代价值。其中，第三个要素由前两个要素决定。因此，结点由模型的可达标识和迹的当前活动确定。根据笛卡尔乘积的性质，结点的个数与模型的可达标识个数和迹的当前活动的个数的乘积相关。

定理 5.1 和定理 5.2 说明了最优对齐图中的结点个数是有限的，因此 RapidAlign 方法可在有限步内完成。

定理 5.3 给定迹 σ、模型 N 及代价函数 $lc()$，设 Λ_{oa} 是最优对齐图从源结点到终结点的所有路径边上的权值组成的序列集合，$\Gamma^{o}_{\sigma,N,lc}$ 是最优对齐集合，则 $\Lambda_{oa}=\Gamma^{o}_{\sigma,N,lc}$。

证明：$\forall\lambda\in\Lambda_{oa}$，根据算法 5.1，$\lambda$ 一定满足：① $\pi_1(\lambda)_{\downarrow A}=\sigma$；② $m_i\xrightarrow{\pi_2(\lambda)\downarrow T}m_f$；③ 假设终结点状态属性为 $(m_f,\#,c_{min})$，则 c_{min} 是模型 N 与迹 σ 之间的所有对齐的代价最小值。即 $\forall\gamma\in\Gamma_{\sigma,N}:c_{min}\leqslant\sum_{(a,t)\in\gamma}lc((a,t))$，而 c_{min} 亦是 λ 中的偏差个数。根据对齐的定义及最优对齐的定义，$\exists\gamma\in\Gamma^{o}_{\sigma,N,lc}$ 使得 $\gamma=\lambda$。因此，$\lambda\in\Gamma^{o}_{\sigma,N,lc}$，从而有 $\Lambda_{oa}\subseteq\Gamma^{o}_{\sigma,N,lc}$。

$\forall\gamma\in\Gamma^{o}_{\sigma,N,lc}$，假设 $\gamma=<(a_1,t_1),(a_2,t_2),\cdots,(a_k,t_k)>$。根据算法 5.1 以及对齐的定义、最优对齐的定义可得，最优对齐图 G_{oa} 中，从源结点 v_i 开始，存在一条边，其权值为 (a_1,t_1)，到达结点 v_1；从源结点 v_1 开始，存在一条边，其权值为 (a_2,t_2)，到达结点 v_2；……，以此类推，直到结点 v_{k-1}，存在一条边，其权值为 (a_k,t_k)，到达结点 v_f。经过上述路径构造，说明 $\exists\lambda\in\Lambda_{oa}$ 使得 $\lambda=\gamma$。因此，$\gamma\in\Lambda_{oa}$，从而有 $\Gamma^{o}_{\sigma,N,lc}\subseteq\Lambda_{oa}$。

综上所述，$\Lambda_{oa}=\Gamma^{o}_{\sigma,N,lc}$。

通过定理 5.3 可知，模型 N 与迹 σ 的最优对齐图中任一条从源结点到终结点的路径边上的权值组成的序列对应着一个最优对齐；一个最优对齐肯定也对应着最优对齐图中的一个路径的权值序列。即模型 N 与迹 σ 的最优对齐图中从源结点到终结点的路径和最优对齐存在一一对应的关系。该定理说明了 RapidAlign 方法的正确性。

为了将 RapidAlign 方法和 A＊对齐算法进行比较，假设 A＊对齐算法生成的变迁系统图记为 $G_{ts}=(V_{ts},E_{ts})$。变迁系统图是 A＊对齐算法中计算最优对齐的查找空间。其与最优对齐图的关系如定理 5.4 所述。

定理 5.4 给定迹 σ、模型 N 及代价函数 $lc()$，设 $G_{oa}=(V_{oa},E_{oa})$ 是最优对齐图，$G_{ts}=(V_{ts},E_{ts})$ 是 A＊对齐算法生成的变迁系统图，则 $G_{oa}\subseteq G_{ts}$。

证明:假设ρ是 G_{ts} 中初始结点到终止结点的一条最短路径上边的权值组成的序列,Ψ是所有满足条件的ρ的集合。根据 Adriansyah 等人提出对齐方法的文献中定理 5.4.2 可知,$\rho \in \Gamma^{o}_{\sigma,N,lc}$,$\Psi = \Gamma^{o}_{\sigma,N,lc}$。根据定理 5.3,$\Lambda_{oa} = \Gamma^{o}_{\sigma,N,lc}$。因此,$\Lambda_{oa} = \Psi$。

因为Ψ对应的只是 G_{ts} 中初始结点到终止结点的最短路径集合,而 Λ_{oa} 对应的是 G_{oa} 中源结点到终结点的所有路径,所以 $E_{oa} \subseteq E_{ts}$。

假设 $^{\cdot}E_{oa}$ 是 E_{oa} 中每条边的输入结点组成的集合,$E_{oa}{}^{\cdot}$ 是 E_{oa} 中每条边的输出结点组成的集合,则 $V_{oa} = {}^{\cdot}E_{oa} \cup E_{oa}{}^{\cdot}$。同理,$V_{ts} = {}^{\cdot}E_{ts} \cup E_{ts}{}^{\cdot}$。因为 $E_{oa} \subseteq E_{ts}$,所以 $^{\cdot}E_{oa} \subseteq {}^{\cdot}E_{ts} \wedge E_{oa}{}^{\cdot} \subseteq E_{ts}{}^{\cdot}$。因此,$^{\cdot}E_{oa} \cup E_{oa}{}^{\cdot} \subseteq {}^{\cdot}E_{ts} \cup E_{ts}{}^{\cdot}$,从而有 $V_{oa} \subseteq V_{ts}$。

综上所述,$G_{oa} \subseteq G_{ts}$。

通过定理 5.4 可知,最优对齐图是变迁系统图的子图。当计算最优对齐时,使用 RapidAlign 方法得到的访问空间要比 A * 对齐算法的搜索空间小。另外,由于最优对齐图中任意一条从源结点到终结点的路径都对应一个最优对齐,所以在此基础上计算最优对齐时,直接遍历一条路径即可,无须查找。而 A * 对齐算法需要借助 A * 算法进行启发式搜索,其查找时间及入队结点个数都比直接访问多。因此,RapidAlign 方法的性能更好。

5.3 最优对齐的查找过程分析

在上一节,通过 RapidAlign 方法得到了一个最优对齐图。该图中从源结点到终结点的任意一条路径,有向边上标注的权值就对应了迹 σ_{51} 与过程模型 N_{51} 之间的一个最优对齐。在最优对齐图的基础上,本节给出两个算法分别实现计算一个最优对齐和所有最优对齐的功能。

5.3.1 最优对齐图中计算一个最优对齐的算法

生成一个最优对齐图后,接下来的工作就是在该图上搜索得到最优对齐。在 RapidAlign 方法生成最优对齐图的过程中,对不会到达终结点的结点进行了修剪,因此最优对齐图中所有的结点都是有效结点。若想得到迹 σ_{51} 与模型 N_{51} 之间的一个最优对齐,只需遍历最优对齐图 G_1 中从源结点到终结点的任一条路径即可。记录访问的有向边的权值,便可得到一个最优对齐。

在此给出基于最优对齐图计算一个最优对齐的具体执行步骤,详见算法 5.2。该算法中用到的数据结构较为简单,且和算法 5.1 一致,在此不再赘述。

算法 5.2 计算迹 σ 与模型 N 之间的一个最优对齐。

输入:最优对齐图 $G_{oa}=(V_{oa},E_{oa})$。

输出:最优对齐 γ。

初始化:$\gamma \leftarrow \langle\rangle$。

1.currnode←sourcenode;//将源结点作为当前结点

2.WHILE(currnode≠targetnode) DO

3. {∀edge∈currnode˙ ;//任选当前结点的一条出边

4.γ←γ ⊕<w(edge)>;//将选中边的权值并入最优对齐序列

5.currnode←π_2(edge);}//将边的另一个端点作为当前结点

6.RETURN γ;

本算法中,结点的后集运算 node˙ 得到的是结点 node 的所有输出边集合,而非 node 的后继结点集合。如结点$(\{p_1\},b,0)^{\bullet}=\{((\{p_1\},b,0),(\{p_1\},a,1),(b,\gg)),((\{p_1\},b,0),(\{p_2,p_3\},b,1),(\gg,t_1))\}$。

该算法的时间复杂度和空间复杂度都较低,和最优对齐图中源结点到终结点之间的最长路径值有关系。而图中一个路径对应了迹与模型之间的一个最优对齐,因此最长路径值和最优对齐的最大长度相等。假设迹与模型的最优对齐的最大长度为 n,则算法 5.2 的时间复杂度和空间复杂度均为 $O(n)$。

接下来,以图 5-5 为例,描述算法 5.2 的具体执行过程。虽然,图中每个结点的状态各不相同,可以唯一标注图中结点,但结点状态包含信息较多,以此作为结点名会使得描述过于烦琐。另外,在表 5-1 中曾为结点分配标记,但因为一些中间结点在执行 RapidAlign 方法的过程中被删除,导致标记序号不连续,不容易识别。因此,为便于描述,给图 5-5 中所有结点重新分配一个结点名。再次分配情况如表 5-2 所示。

表 5-2 最优对齐图 G_1 中结点名称对应表

序号	结点状态	结点名称	序号	结点状态	结点名称
1	$(\{p_1\},b,0)$	v_1	7	$(\{p_3,p_4\},\#,2)$	v_7
2	$(\{p_1\},a,1)$	v_2	8	$(\{p_2,p_5\},\#,2)$	v_8
3	$(\{p_2,p_3\},b,1)$	v_3	9	$(\{p_4,p_5\},a,2)$	v_9
4	$(\{p_2,p_3\},\#,1)$	v_4	10	$(\{p_4,p_5\},\#,3)$	v_{10}
5	$(\{p_2,p_5\},b,2)$	v_5	11	$(\{p_6\},a,2)$	v_{11}
6	$(\{p_3,p_4\},a,1)$	v_6	12	$(\{p_6\},\#,3)$	v_{12}

根据表 5-2 分配情况，在本最优对齐图中，结点 v_1 是源结点，结点 v_{12} 是终结点。计算一个最优对齐时，图中源结点到终结点之间一条路径的遍历包括以下几步：① 从结点 v_1 出发，选择其中一条权值为 $(b,>>)$ 的输出边，到达结点 v_2，此时 $\gamma_1=<(b,>>)>$；② 从结点 v_2 出发，选择其中一条权值为 (a,t_1) 的输出边，到达结点 v_4，此时 $\gamma_1=<(b,>>),(a,t_1)>$；③ 从结点 v_4 出发，选择其中一条权值为 $(>>,t_2)$ 的输出边，到达结点 v_7，此时 $\gamma_1=<(b,>>),(a,t_1),(>>,t_2)>$；④ 从结点 v_7 出发，选择其中一条权值为 $(>>,t_3)$ 的输出边，到达结点 v_{10}，此时 $\gamma_1=<(b,>>),(a,t_1),(>>,t_2),(>>,t_3)>$；⑤ 从结点 v_{10} 出发，选择其中一条权值为 $(>>,t_3)$ 的输出边，到达结点 v_{12}，此时 $\gamma_1=<(b,>>),(a,t_1),(>>,t_2),(>>,t_3),(>>,t_4)>$。结点 v_{12} 是终结点，整个查找过程结束，得到的 γ_1 是迹 σ_{51} 与模型 N_{51} 之间的一个最优对齐。该路径示意图如图 5-13 所示。

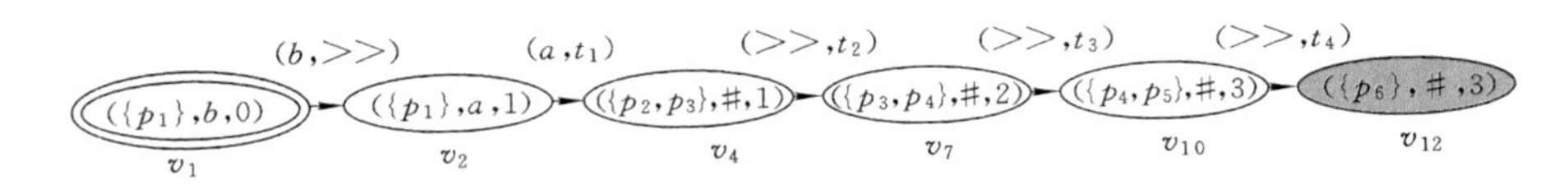

图 5-13　计算迹 σ_{51} 与模型 N_{51} 之间最优对齐 γ_1 的过程图

5.3.2　最优对齐图中计算所有最优对齐的算法

在迹 σ_{51} 与模型 N_{51} 之间的最优对齐图 G_1 中，从源结点到终结点的一个路径对应着一个最优对齐，所有路径则对应了所有的最优对齐。接下来，描述根据最优对齐图计算迹与模型之间所有最优对齐的主要算法思想。在描述中，用到两个栈，分别是：结点栈，用来存储正在访问的路径上的结点；移动栈，用来存储结点栈中结点对应有向边的权值。算法思想如下：

Step 1　将源结点入结点栈，将移动栈清空。

Step 2　当结点栈为空时，跳至 Step 7；否则，执行以下操作：

Step 2.1　读取栈顶元素，作为当前结点。

Step 2.2　若当前结点没有未被访问过的输出有向边，则同时将两个栈的栈顶元素弹出，返回 Step 2；否则，跳至 Step 3。

Step 3　若当前结点为终结点，则跳至 Step 4；否则，继续执行以下操作：

Step 3.1　记录当前结点未被访问过的输出有向边，将该边标记为访问过。

Step 3.2　将该边指向的后继结点压入结点栈。

Step 3.3　将该边的权值压入移动栈。

Step 4　此时,结点栈顶元素为终结点,将其出栈。

Step 5　将移动栈中元素逆序输出,则为一个最优对齐。

Step 6　将该最优对齐并入最优对齐集合中。

Step 7　返回 Step 2。

Step 8　输出最优对齐集合。

给出该算法思想的具体执行步骤,见算法 4.3。该算法除了用到和算法 4.1 相同的数据结构外,还包括以下变量:

nodestack:栈,存放当前路径结点;

movestack:栈,存放路径上边的权值;

$\Gamma^{o}_{\sigma,N,lc}$:集合,存放所有最优对齐;

flag:标志位,标识每一条有向边是否被访问过,当 flag=1 时,该边被访问过,否则,未被访问过。

本算法中使用的栈的基本运算包括:

empty(stack):判断栈 stack 是否为空,栈为空时返回值为 True;否则返回值为 False;

gettop(stack):取栈 stack 的栈顶元素;

pop(stack):弹出栈 stack 的栈顶元素;

push(stack,node):将元素 node 压入栈 stack 中。

算法 5.3　计算迹 σ 与模型 N 之间的所有最优对齐。

输入:最优对齐图 $G_{oa}=(V_{oa},E_{oa})$。

输出:最优对齐集合 alignment。

初始化:$\Gamma^{o}_{\sigma,N,lc}\leftarrow\varnothing$,nodestack←∅,movestack←∅,$\gamma\leftarrow\langle\rangle$。

1.FOR($\forall$edge$\in E_{oa}$) DO

2.flag(edge)←0;//将所有边标记为未访问状态

3.nodestack←nodestack∪{sourcenode};//源结点并入结点栈

4.WHILE(! empty(nodestack)) DO

5. {currnode←gettop(nodestack);//取栈顶元素作为当前结点

6.IF($\forall$edge$\in$currnode$^{\bullet}$ AND flag(edge)=1) THEN

7.　　{pop(nodestack); pop(movestack);

8.$\gamma\leftarrow\gamma[1:|\gamma|-1]$;//将序列 γ 中最后一个元素删掉

9.　　　BREAK;}//若当前结点的所有出边均被访问过,则出栈

10.ELSE

```
11.     {WHILE(currnode≠targetnode) DO
12.       {IF(edge∈currnode˙ AND flag(edge)=0) THEN
13.         { flag(edge)←1;
14.currnode←π2(edge);
15.push(nodestack,currnode);
16.             push(movestack,w(edge));//选择未访问的边及结点分别入栈
17.γ←γ ⊕<gettop(movestack)>;}}}
18.Γ°σ,N,lc←Γ°σ,N,lc ∪{γ};}
19. RETURN Γ°σ,N,lc;
```

该算法的时间复杂度和空间复杂度均和最优对齐图中源结点到终结点之间的最长路径值以及路径的条数有关系。而图中一条路径对应了迹与模型之间的一个最优对齐,因此最长路径值和最优对齐的最大长度相等。图中路径的条数和最优对齐的个数相等。假设迹与模型的最优对齐的最大长度为 n,最优对齐的个数为 m,则算法 5.3 的时间复杂度和空间复杂度均为 $O(mn)$。

算法 5.3 的具体执行过程如表 5-3 所示。表中描述了每次循环栈的变化情况以及得到的最优对齐。

表 5-3　迹 σ_{51} 与模型 N_{51} 之间所有最优对齐的计算过程

次数	栈名	当前栈中元素	出栈情况	入栈情况	最优对齐
1	nodestack	v_1	无	$v_2 \to v_4 \to v_7 \to v_{10} \to v_{12}$	γ_1
	movestack	空	无	$(b,\gg),(a,t_1),(\gg,t_2),(\gg,t_3),(\gg,t_4)$	
2	nodestack	$v_1,v_2,v_4,v_7,v_{10},v_{12}$	$v_{12}\to v_{10}\to v_7$	$v_8 \to v_{10}\to v_{12}$	γ_2
	movestack	$(b,\gg),(a,t_1),(\gg,t_2),(\gg,t_3),(\gg,t_4)$	$(\gg,t_4),(\gg,t_3),(\gg,t_2)$	$(\gg,t_3),(\gg,t_2),(\gg,t_4)$	

表 5-3(续)

次数	栈名	当前栈中元素	出栈情况	入栈情况	最优对齐
3	nodestack	$v_1,v_2,v_4,v_8,v_{10},v_{12}$	$v_{12}\rightarrow v_{10}\rightarrow v_8\rightarrow v_4\rightarrow v_2$	$v_3\rightarrow v_5\rightarrow v_9\rightarrow v_{10}\rightarrow v_{12}$	γ_3
	movestack	$(b,>>),(a,t_1),(>>,t_3),(>>,t_2),(>>,t_4)$	$(>>,t_4),(>>,t_2),(>>,t_3),(a,t_1),(b,>>)$	$(>>,t_1),(>>,t_3),(b,t_2),(a,>>),(>>,t_4)$	
4	nodestack	$v_1,v_3,v_5,v_9,v_{10},v_{12}$	$v_{12}\rightarrow v_{10}$	$v_{11}\rightarrow v_{12}$	γ_4
	movestack	$(>>,t_1),(>>,t_3),(b,t_2),(a,>>),(>>,t_4)$	$(>>,t_4),(a,>>)$	$(>>,t_4),(a,>>)$	
5	nodestack	$v_1,v_3,v_5,v_9,v_{11},v_{12}$	$v_{12}\rightarrow v_{11}\rightarrow v_9\rightarrow v_5$	$v_6\rightarrow v_7\rightarrow v_{10}\rightarrow v_{12}$	γ_5
	movestack	$(>>,t_1),(>>,t_3),(b,t_2),(>>,t_4),(a,>>)$	$(a,>>),(>>,t_4),(b,t_2),(>>,t_3)$	$(b,t_2),(a,>>),(>>,t_3),(>>,t_4)$	
6	nodestack	$v_1,v_3,v_6,v_7,v_{10},v_{12}$	$v_{12}\rightarrow v_{10}\rightarrow v_7$	$v_9\rightarrow v_{10}\rightarrow v_{12}$	γ_6
	movestack	$(>>,t_1),(b,t_2),(a,>>),(>>,t_3),(>>,t_4)$	$(>>,t_4),(>>,t_3),(a,>>)$	$(>>,t_3),(a,>>),(>>,t_4)$	
7	nodestack	$v_1,v_3,v_6,v_9,v_{10},v_{12}$	$v_{12}\rightarrow v_{10}$	$v_{11}\rightarrow v_{12}$	γ_7
	movestack	$(>>,t_1),(b,t_2),(>>,t_3),(a,>>),(>>,t_4)$	$(>>,t_4),(a,>>)$	$(>>,t_4),(a,>>)$	

以图 5-5 为例，通过算法 5.3 可以得到迹 σ_{51} 与模型 N_{51} 之间的所有最优对齐，如图 5-14 所示。

图 5-5 中从源结点到终结点总共有 7 条不同的路径，而图 5-14 中包含了

$\gamma_1=$

b	a	>>	>>	>>
>>	a t_1	b t_2	c t_3	τ t_4

$\gamma_2=$

b	a	>>	>>	>>
	a t_1	c t_3	b t_2	τ t_4

$\gamma_3=$

a	>>	>>	a	>>
a t_1	c t_3	b t_2	>>	τ t_4

$\gamma_4=$

>>	>>	b	>>	a
a t_1	c t_3	b t_2	τ t_4	>>

$\gamma_5=$

>>	b	a	>>	>>
a t_1	b t_2	>>	c t_3	τ t_4

$\gamma_6=$

>>	b	>>	a	>>
a t_1	b t_2	c t_3	>>	τ t_4

$\gamma_7=$

>>	b	>>	>>	a
a t_1	b t_2	c t_3	τ t_4	>>

图 5-14　迹 σ_{51} 与模型 N_{51} 之间的所有最优对齐

7 个不同的最优对齐。如图 5-14 所示，每个最优对齐中，一个竖列表示一个移动。为了显式地对比迹中活动与模型中变迁映射的活动，将变迁对应的活动也标注出来。

5.4　仿真实验

5.2.2 中，已经从理论角度说明了 RapidAlign 方法的正确性以及优越性。本节给出一些实验结果来评价算法 5.2，并与 A＊对齐算法中的 A＊算法进行比较。仿真实验考察的重点在于：① 计算最优对齐过程中，所需入队结点的个数；② 在已知搜索空间中得到一个最优对齐的时间。

本节算法的源程序采用 Microsoft Visual C＋＋编写，软件平台是 Microsoft Windows 7，机器配置 3.60 GHz，Intel Core i3-4160 处理器，4 GB 内存。

对电子书库在线交易流程图进行改进，使之成为一个合理的工作流网，如图 5-15 所示。该网上购物流程工作流网模型中，首先用户登录该电子书店(register)选购图书；选中后，将图书放入购物车(add items)；选择图书放入购物车的过程，可以反复多次进行，在模型中用一个与之构成循环的不可见变迁实现；完成选购后，用户可以取消(cancel)购买业务，交易直接结束；也可以正常结束(finalize)继续选择图书过程；用户付款(pay)，与此同时电子书店收到用户要购买的消息，将用户购买书籍打包(pack)；此时交易生效(validate)；书店应尽快将书籍寄给(deliver)用户，与此同时交易的任一方也可以取消(cancel)本次交易；至此交易结束。

该模型是一个合理的工作流网。模型中既有不可见变迁，也有重复变迁。该模型虽然简单，但是包含了工作流网的四种基本结构——顺序结构、选择结

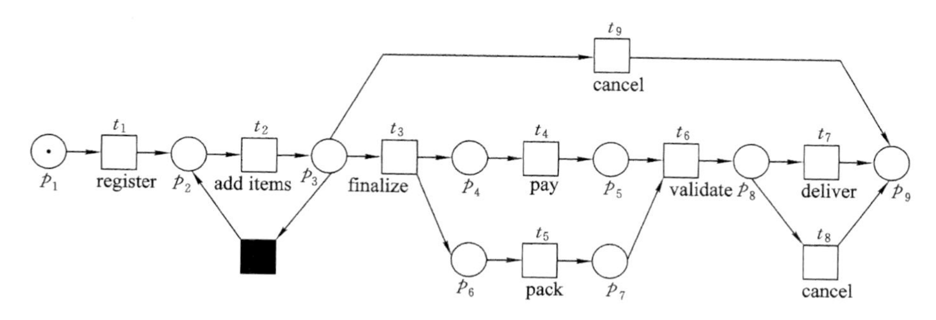

图 5-15　带不可见变迁的电子书店在线交易过程模型 N_τ

构、并发结构和循环结构。因此，使用该模型及相应的迹来检验 RapidAlign 方法的正确性，比较有代表意义，能够说明该方法的健壮性和适应性。

由该模型随机生成事件日志与已知过程模型作为实验数据进行分析。根据过程模型生成完全拟合且长度不相同的迹，每条迹大约包含 2 到 10 个活动，并通过随机删除和增加活动在迹中制造噪声。所有实验均采用标准似然代价函数对对齐中出现的偏差进行度量，假设事件日志中出现噪声的比例较为随机。每次实验的结果数据都是相同实验做 10 次的平均性能。

本实验比较了 RapidAlign 方法和 A＊对齐算法在已经得到搜索空间的基础上，查找一个最优对齐时，入队结点的个数以及平均计算时间。实验统计结果分别如图 5-16 与图 5-17 所示。

在图 5-16 和图 5-17 中，无论是 A＊对齐算法还是 RapidAlign 方法，在过程模型一定的情况下，随着迹中活动的增加，入队结点个数以及平均计算时间都成增长趋势。实验结果是符合预期的，因为当迹的长度增加时，变迁系统图和最优对齐图中的结点都会相应增加。搜索空间的增加，肯定会导致查找过程更复杂，执行效率更低。

图 5-16 中，随着迹长度的增加，平均入队结点数变化较大的是运行 A＊对齐算法得到的结果。该入队结点数记录了在变迁系统图中使用启发式搜索算法——A＊对齐算法时，进入优先队列的结点个数。随着迹长度的增加，平均入队结点数变化比较平缓的是运行 RapidAlign 方法得到的结果。该入队结点数记录了在最优对齐图中遍历一条从源结点到终结点的路径所访问的结点数。因为最优对齐图是一个有向无环图，而且任意一条从源结点到终结点的路径都对应着一个最优对齐，所以在最优对齐图的基础上计算最优对齐时，无须采用搜索算法，只需按照一条路径遍历即可。RapidAlign 方法中，入队

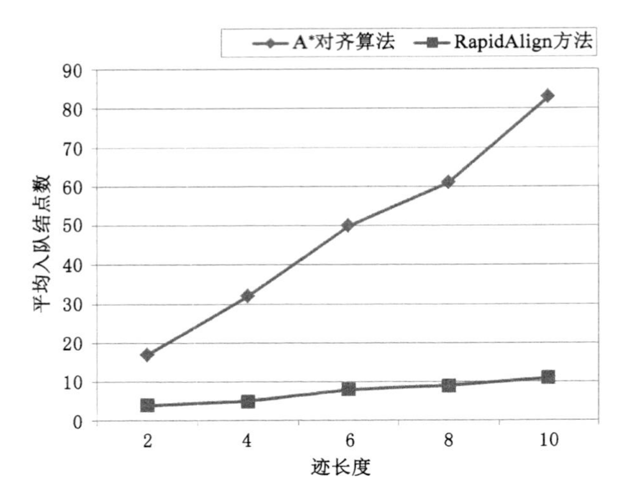

图 5-16　RapidAlign 方法和 A＊对齐算法的平均入队结点数比较

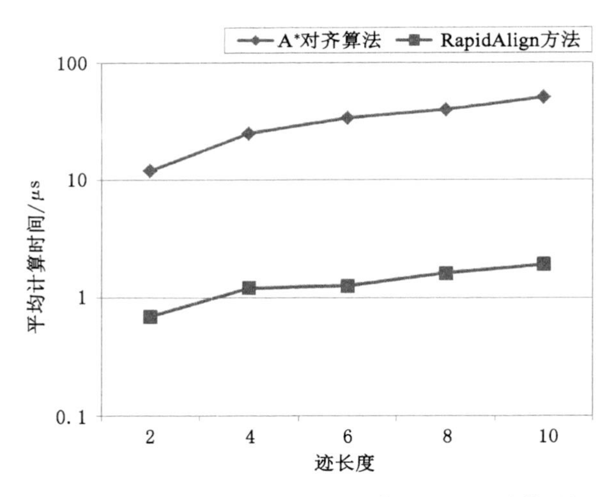

图 5-17　RapidAlign 方法和 A＊对齐算法的平均计算时间比较

结点个数就是其遍历的路径上的结点个数，为最优对齐的长度加 1。显然，RapidAlign 方法中，入队结点的个数比 A＊对齐算法要小得多。

图 5-17 中，y 轴以指数级规模增长。同对图 5-16 的分析类似，RapidAlign 方法在最优对齐图中输出最优对齐的平均时间远远小于 A＊对齐算法在变迁系统图中查找最优对齐的平均时间。

综上所述，计算迹与过程模型之间的最优对齐时，RapidAlign 方法无论在占用内存方面还是计算时间方面都比 A＊对齐算法更好。

5.5 本章小结

合规性检查在信息管理系统中发挥着越来越重要的作用。对齐是最先进且应用最广泛的合规性检查方法之一。通过对齐方法，可以得到基于代价函数的迹与模型之间的最优对齐。最优对齐结果可以应用到过程挖掘的各个方面。但是，已有的对齐方法生成的搜索空间都较大，严重影响了最优对齐的查找效率。本章提出一种新的对齐方法——RapidAlign 方法，可以得到基于代价函数的迹与模型之间的所有最优对齐。RapidAlign 方法的计算结果和 A＊对齐算法是完全相同的，但是计算过程要简单许多。通过该方法生成一个最优对齐图，可以快速地在该图中找到最优对齐。基于电子书库在线交易模型对该算法进行了仿真实验，结果表明 RapidAlign 方法的性能要优于 Adriansyah 等人提出的 A＊对齐算法。

RapidAlign 方法处理的过程模型采用合理的工作流网建模，具有严格的语义。该方法允许过程模型中带有任何形式的重复变迁。另外，该方法可以有效处理带有一些复杂模式及循环结构的过程模型，能够检测出迹与过程模型之间的所有偏差，为合规性检查提供了一定的诊断基础。该方法能够处理较大的模型和迹，具有一定的可扩展性，是适用范围较广的一种对齐方法。

对于不可见变迁，如果其未构成不可见变迁循环结构，RapidAlign 方法亦可正确处理。另外，在本章中也对不可见变迁循环结构进行了深入讨论，并给出两种解决方案对这类结构进行等价预处理，处理后的模型同样可以使用 RapidAlign 方法求得正确对齐结果。

本章已从理论上分析了 RapidAlign 方法的正确性和优越性，并通过仿真实验对该结果进行了验证与支撑，说明 RapidAlign 方法在实际应用中是可行且有效的。在进一步的工作中，主要开展以下几个方面的研究：首先，将该算法应用到更多的实际生活案例中，验证该方法的健壮性和稳定性；其次，将最优对齐应用到合规性检查的其他质量维度的度量，制定新的衡量维度性能的标准；再次，继续将最优对齐图与 A＊对齐算法中变迁系统图进行对比研究，发现最优对齐和对齐之间的差异以及各自的适用领域；最后，将 RapidAlign 方法的思想应用到过程发现以及模型修复与增强等方面，以提高观察行为和模型行为之间的拟合度。

6 批量迹与过程模型之间基于两 Petri 网乘积的对齐方法

在前一章给出一种快速且高效的计算最优对齐的方法，该方法既减少了查找过程中入队结点的个数，又节约了查找最优对齐所花费的时间。但是该方法一次只能计算一条迹与过程模型之间的最优对齐。而事件日志中存储的迹数量比较庞大，因此要计算整个事件日志与过程模型之间的最优对齐，工作量依然比较大。

针对已有对齐方法一次只能计算一条迹与过程模型之间最优对齐的问题，为了更进一步提高计算最优对齐的效率，同时计算多条迹与过程模型之间的最优对齐，本章提出一种批量迹与过程模型之间进行对齐的方法。

已有的对齐方法每次只能处理一条迹，但日志中存在多条迹，如果要计算多条迹与过程模型之间的最优对齐，就要反复多次运用该方法。在计算的过程中，需多次求日志模型与过程模型的乘积以及乘积模型的变迁系统，这是一个非常复杂且重复的过程。不仅工作量庞大，而且占用的存储空间较多。

本章基于工作流网，利用两 Petri 网乘积的思想，提出一种同时实现多条迹与过程模型对齐的方法，称作 AoPm（Alignments of Process Model and m Traces，过程模型与 m 条迹之间的批量对齐）方法。本章在已有过程模型和事件日志的基础上进行研究，且过程模型采用工作流网建模。首先使用已有过程发现算法得到事件日志中所有迹的日志模型，接下来计算日志模型与过程模型之间的乘积，然后求乘积模型的变迁系统。一般情况下，如果事件日志中出现的活动均在过程模型中，且事件日志中每条迹长度相当，则该变迁系统与单条迹的变迁系统规模相近。但是采用该方法，可以在同一个变迁系统中求出所有迹与过程模型之间的最优对齐。因此，该方法既简化了计算变迁系统的工作量，也节省了变迁系统占用的存储空间。

目前，过程发现算法种类较多[119-134]，常见的有 α 算法[119-123]、启发式挖掘算法[124-126]、遗传过程挖掘算法[127]和基于区域的挖掘算法[128]等等。其中，诸如 α 算法和启发式挖掘算法等技术不保证模型能够重演事件日志中的所有案例。而本章中提出的批量迹与过程模型之间的对齐方法要求"事件日志中的所有迹均能够被发现的模型重演",这是该方法有效必须满足的前提条件。因此本章采用基于区域的方法,一般情况下基于区域的方法能够表达更加复杂的控制流结构,同时不会欠拟合。

构建实例图(instance graphs)的多阶段(multi-phase)过程挖掘方法,能够保证适应度为1,即事件日志中出现的任一条迹都是过程模型的一个可能发生序列。但该方法得到的模型是用实例 EPCs(event-driven Process Chains)描述的,而本章所提出方法要求日志模型和过程模型采用相同的建模语言,即用工作流网建模。应用区域理论的一种迭代算法挖掘出的日志模型能够满足要求:一是事件日志的每条迹都是工作流网模型的一个引发序列;二是工作流网中任一引发序列都是日志的一条迹。本章采用该方法从给定的完备事件日志中发现日志模型。

AoPm 方法同时实现事件日志中多条迹与过程模型之间的对齐。首先,将要与过程模型进行对齐的所有迹作为一个完备事件日志集,由该事件日志中的迹通过上述过程发现算法挖掘出日志模型,并适当对日志模型进行手工修复。然后,得到日志模型和过程模型的乘积,并进一步计算该乘积模型的变迁系统。最后,给出算法在变迁系统中查找到事件日志集中所有迹与过程模型之间的一个最优对齐和所有最优对齐。该方法的执行流程如图 6-1 所示。

当计算多条迹与过程模型之间的对齐时,该方法只需生成一个乘积模型及相应的变迁系统,将大大节省相关的工作量及存储空间。

本章主要内容安排如下:

6.1 节给出事件日志利用基于区域挖掘算法得到其日志模型,并适当对该模型进行修复,使得该模型能重演事件日志中的所有迹;将日志模型与给定过程模型求乘积,并计算出乘积的变迁系统。

6.2 节给出 A+算法和 A++算法分别计算事件日志中所有迹与过程模型之间的一个最优对齐和所有最优对齐。

6.3 节分析 AoPm 方法的时间和空间复杂度,并与 A * 对齐算法进行比较,论证 A+算法和 A++算法的正确性。

6.4 节基于 ProM 平台实现了 AoPm 方法,分别应用于人工网上购物过程模型及生成日志集和实际复杂问题领域,例证了该方法的可行性与有效性。

6.5 节对本章工作进行总结和展望。未来的工作中,可以抽象批量迹中事件之间的关系,从而实现多条迹与过程模型的同步对齐。

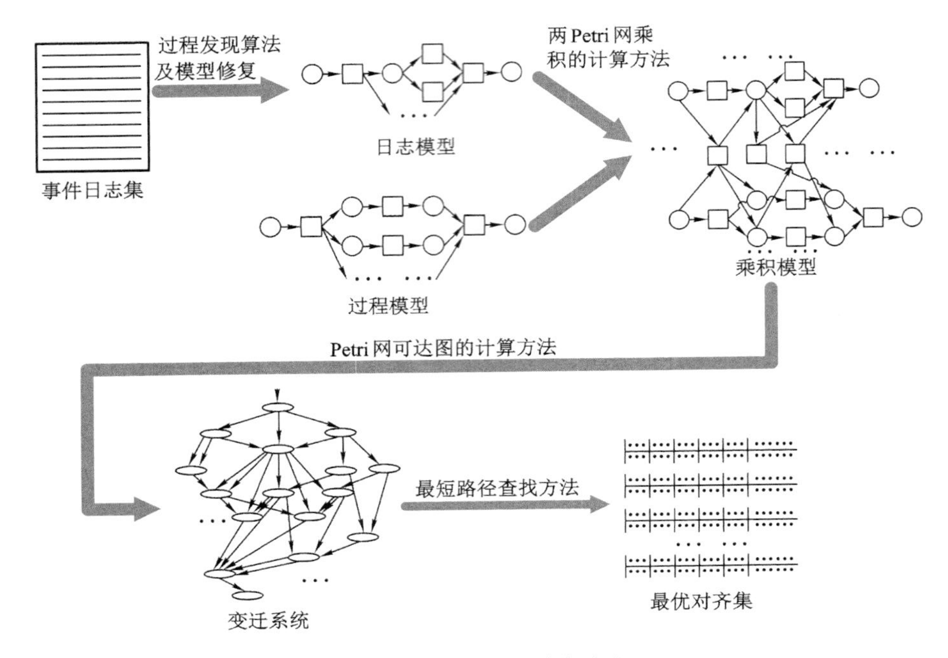

图 6-1　AoPm 算法执行流程

6.1　日志模型与过程模型乘积的变迁系统

对齐考察过程模型与事件日志中迹之间存在偏差的情况。为了更加形象清晰地表达 AoPm 方法的思想，以给定的过程模型和事件日志为例进行说明。其中，过程模型可以是手工建立的，也可以是通过过程发现算法得到的。此外，过程模型可以是规范化的，也可以是描述性的。

6.1.1　日志模型与过程模型

给定过程模型 $N_{pm}=(P_{pm},T_{pm};F_{pm},\alpha_{pm},m_{i,pm},m_{f,pm})$，如图 6-2 所示。其中，库所集合 $P_{pm}=\{p_1,p_2,p_3,p_4,p_5,p_6\}$，变迁集合 $T_{pm}=\{t_1,t_2,t_3,t_4\}$，流关系集合 $F_{pm}=\{(p_1,t_1),(t_1,p_2),(t_1,p_3),(p_2,t_2),(p_3,t_3),(t_2,p_4),(t_3,p_5),(p_4,t_4),(p_5,t_4),(t_4,p_6)\}$；变迁与活动之间的映射关系 $\alpha_{pm}(t_1)=a$、$\alpha_{pm}(t_2)=b$、$\alpha_{pm}(t_3)=c$、$\alpha_{pm}(t_4)=d$；$p_{i,pm}=p_1$，$p_{f,pm}=p_6$，初始标识 $m_{i,pm}=\{p_1\}$，结束标识 $m_{f,pm}=\{p_6\}$。

给定事件日志 $L_6=[(\sigma_{61})^3,(\sigma_{62})^7]$，其中迹 $\sigma_{61}=\langle a,b\rangle$，迹 $\sigma_{62}=$

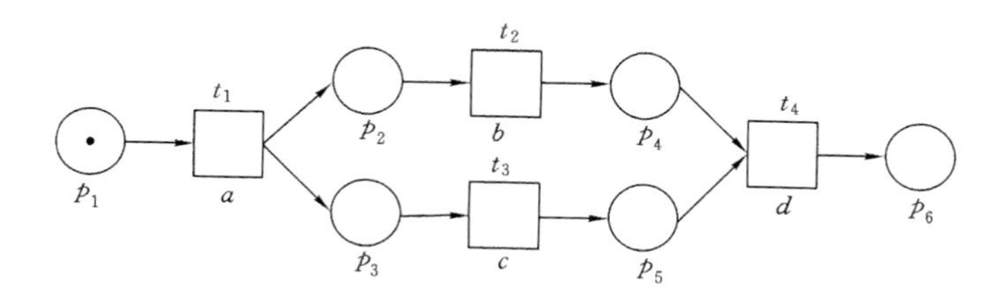

图 6-2 过程模型 N_{pm}

$<a,c>$。L_6 是一个包含 10 个案例的简单事件日志，10 个案例可以被表示为 2 个不同的迹。根据事件日志 L_6，基于区域的过程发现算法能够得到如图 6-3 所示的工作流网 $N_{lm}=(P_{lm},T_{lm};F_{lm},\alpha_{lm},m_{i,lm},m_{f,lm})$，称为日志模型。其中，库所集合 $P_{lm}=\{p_1',p_2',p_3'\}$，变迁集合 $T_{lm}=\{t_1',t_2',t_3'\}$，流关系集合 $F_{lm}=\{(p_1',t_1'),(t_1',p_2'),(p_2',t_2'),(p_2',t_3'),(t_2',p_3'),(t_3',p_3')\}$；变迁与活动之间的映射关系 $\alpha_{lm}(t_1')=a$、$\alpha_{lm}(t_2')=b$、$\alpha_{lm}(t_3')=c$；$p_{i,lm}=p_1'$，$p_{f,lm}=p_3'$，初始标识 $m_{i,lm}=\{p_1'\}$，结束标识 $m_{f,lm}=\{p_3'\}$。

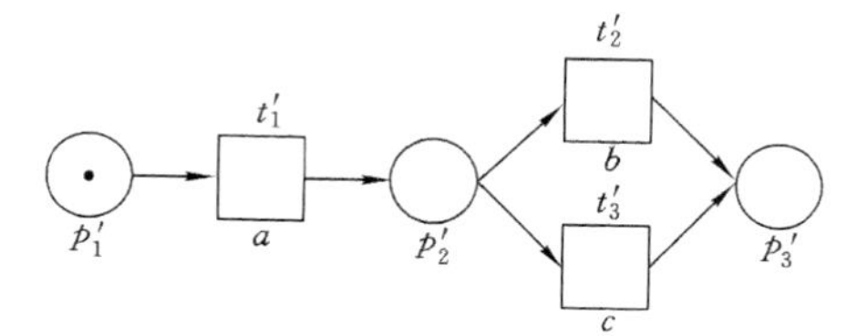

图 6-3 日志模型 N_{lm}

本例中给出的过程模型，以及挖掘得到的日志模型，均既是标签 Petri 网，也是合理的工作流网。

6.1.2 日志模型与过程模型的乘积

根据两个 *Petri* 网乘积的定义可以得到日志模型和过程模型之间的乘积模型。乘积模型由日志模型、过程模型以及同步变迁组成。所谓同步变迁是指在日志模型和过程模型中具有相同标签的变迁。乘积模型的库所、初始标识和结束标识分别为日志模型和过程模型中库所的并集。假设日志模型 $N_1=(P_1,T_1;F_1,\alpha_1,m_{i,1},m_{f,1})$，过程模型 $N_2=(P_2,T_2;F_2,\alpha_2,m_{i,2},m_{f,2})$，则乘积模型中的变迁类型及属性如表 6-1 所示。弧关系可以根据变迁的前后集建立。

表 6-1　两 Petri 网的乘积中的变迁

变迁名	变迁类型	映射活动	来源	前集	后集
$(t_1,>>)$	日志变迁	$\alpha_1(t_1)$	T_1	$^{\cdot}t_1$	$t_1{}^{\cdot}$
$(>>,t_2)$	模型变迁	$\alpha_2(t_2)$	T_2	$^{\cdot}t_2$	$t_2{}^{\cdot}$
(t_1,t_2)	同步变迁	$\alpha_1(t_1)$	$T_1\times T_2$ 且 $\alpha(t_1)=\alpha(t_2)\neq\tau$	$^{\cdot}t_1\cup{}^{\cdot}t_2$	$t_1{}^{\cdot}\cup t_2{}^{\cdot}$

以过程模型 N_{pm} 和日志模型 N_{lm} 为例，根据上述分析可知，二者的乘积模型 $N_{\mathrm{lm*pm}}=(P_{\mathrm{lm*pm}},T_{\mathrm{lm*pm}};\ F_{\mathrm{lm*pm}},\alpha_{\mathrm{lm*pm}},m_{\mathrm{i,lm*pm}},m_{\mathrm{f,lm*pm}})$。其中，库所集合 $P_{\mathrm{lm*pm}}=P_{\mathrm{lm}}\cup P_{\mathrm{pm}}=\{p_1,p_2,p_3,p_4,p_5,p_6,p_1{}',p_2{}',p_3{}'\}$，初始标识 $m_{\mathrm{i,lm*pm}}=\{p_1,p_1{}'\}$，结束标识 $m_{\mathrm{f,lm*pm}}=\{p_6,p_3{}'\}$。

在本例中两个模型都存在标签为 a、b、c 的变迁，因此构建乘积模型时有三个与之相应的同步变迁。在乘积模型中，原日志模型中的变迁 $t_i{}'$ 标记更改为 $(t_i{}',>>)$；原过程模型中的变迁 t_j 标记更改为 $(>>,t_j)$；若同步变迁分别和日志模型中的 $t_k{}'$、过程模型中的 t_k 具有相同的标签，则标记为 $(t_k{}',t_k)$；日志模型与过程模型中原来的库所及弧关系均保持不变；同步变迁应满足 $^{\cdot}(t_k{}',t_k)={}^{\cdot}(t_k{}',>>)\cup{}^{\cdot}(>>,t_k)$ 及 $(t_k{}',t_k)^{\cdot}=(t_k{}',>>)^{\cdot}\cup(>>,t_k)^{\cdot}$。因此，乘积模型 $N_{\mathrm{lm*pm}}$ 中的变迁如表 6-2 所示。

表 6-2　乘积模型 $N_{\mathrm{lm*pm}}$ 中的变迁

序号	变迁名	活动名	前集	后集	序号	变迁名	活动名	前集	后集
1	$(t_1{}',>>)$	a	$\{p_1{}'\}$	$\{p_2{}'\}$	6	$(>>,t_3)$	c	$\{p_3\}$	$\{p_5\}$
2	$(t_2{}',>>)$	b	$\{p_2{}'\}$	$\{p_3{}'\}$	7	$(>>,t_4)$	d	$\{p_4,p_5\}$	$\{p_6\}$
3	$(t_3{}',>>)$	c	$\{p_2{}'\}$	$\{p_3{}'\}$	8	$(t_1{}',t_1)$	a	$\{p_1{}',p_1\}$	$\{p_2{}',p_2,p_3\}$
4	$(>>,t_1)$	a	$\{p_1\}$	$\{p_2,p_3\}$	9	$(t_2{}',t_2)$	b	$\{p_2{}',p_2\}$	$\{p_3{}',p_4\}$
5	$(>>,t_2)$	b	$\{p_2\}$	$\{p_4\}$	10	$(t_3{}',t_3)$	c	$\{p_2{}',p_3\}$	$\{p_3{}',p_5\}$

根据表 6-2 中给出的各个变迁的前后集，可以为同步变迁与日志模型和过程模型中的库所之间添加有向弧，得到流关系集合 $F_{\mathrm{lm*pm}}=\{(p_1{}',(t_1{}',>>)),((t_1{}',>>),p_2{}'),(p_2{}',(t_2{}',>>)),(p_2{}',(t_3{}',>>)),((t_2{}',>>),p_3{}'),((t_3{}',>>),p_3{}'),(p_1,(>>,t_1)),((>>,t_1),p_2),((>>,t_1),p_3),(p_2,(>>,t_2)),(p_3,(>>,t_3)),((>>,t_2),p_4),((>>,t_3),p_5),(p_4,(>>,t_4)),(p_5,(>>,t_4)),((>>,t_4),p_6),(p_1{}',(t_1{}',t_1)),(p_1,(t_1{}',t_1)),((t_1{}',t_1),p_2{}'),((t_1{}',t_1),p_2),((t_1{}',t_1),p_3),(p_2{}',(t_2{}',t_2)),(p_2,$

$(t_2',t_2)),((t_2',t_2),p_3'),((t_2',t_2),p_4),(p_2',(t_3',t_3)),(p_3,(t_3',t_3)),$ $((t_3',t_3),p_3'),((t_3',t_3),p_6)\}$。

通过上述一系列运算，得到日志模型 N_{lm} 和过程模型 N_{pm} 的乘积模型 $N_{\mathrm{lm*pm}}$，如图 6-4 所示。

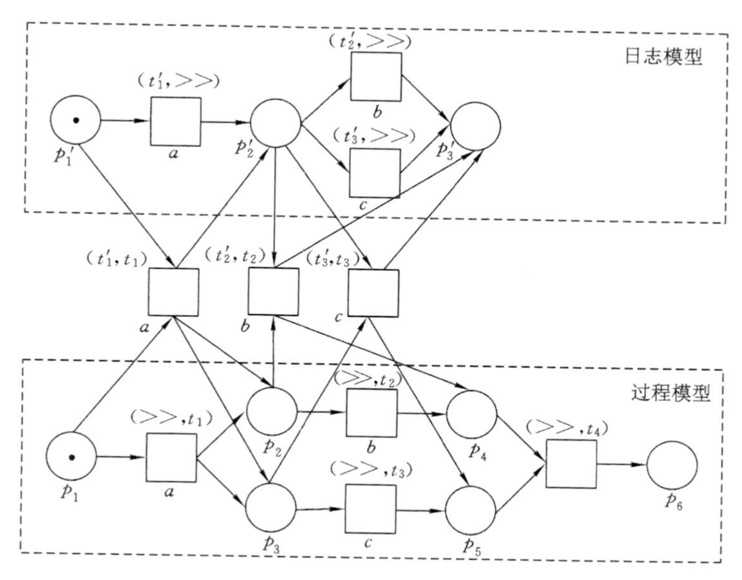

图 6-4　日志模型 N_{lm} 与过程模型 N_{pm} 的乘积模型 $N_{\mathrm{lm*pm}}$

6.1.3　乘积模型的变迁系统

计算日志模型 N_{lm} 与过程模型 N_{pm} 之间乘积模型 $N_{\mathrm{lm*pm}}$ 的可达标识状态，得到变迁系统如图 6-5 所示。乘积模型的变迁系统是一个有向图，明确地描述了乘积模型中变迁的引发过程及可达状态。该图中，双圈结点代表乘积模型的终止标识状态；各条边上的标注为乘积模型中状态之间的引发变迁。

给定事件日志与过程模型，事件日志中的批量迹与过程模型之间的对齐就转化为在乘积模型中搜索引发序列的问题，有效解决方法就是状态空间搜索法。下面描述如何将计算最小代价引发序列问题转化为计算最小路径问题。

使用标准似然代价函数 $lc()$ 为变迁系统的每条边分配一个代价值，即同步移动代价值为 0，日志移动和模型移动代价值均为 1。图 6-5 中各边权值取值情况如下：$lc((t_k',t_k))=0(1\leqslant k\leqslant 3)$，$lc((t_i',>>))=1(1\leqslant i\leqslant 3)$，$lc((>>,t_j))=1(1\leqslant j\leqslant 4)$。根据对齐及标准似然代价函数的定义，可知

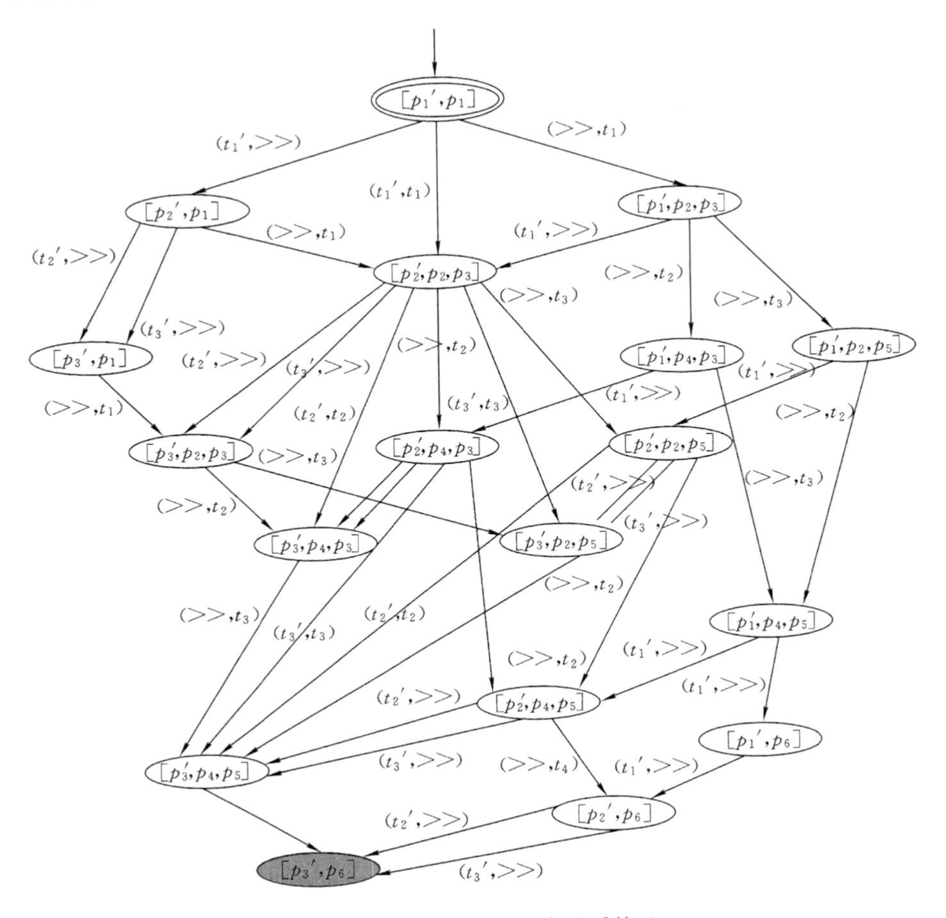

图 6-5　乘积模型 N_{lm*pm} 的变迁系统 S_{lm*pm}

(t_1',t_1)是同步移动，而同步移动的代价值为 0。因此，初始状态$[p_1',p_1]$到状态$[p_2',p_2,p_3]$的边长度记作 0；同理，由于$(t_1',>>)$是日志移动，初始状态$[p_1',p_1]$到状态$[p_2',p_1]$的边长度记作 1。

变迁系统中一条边上的标注对应着乘积模型中的一个引发变迁，故两个状态结点间一条路径的总长度，对应于该路径上引发变迁序列的总代价值。而移动序列的总代价等价于引发序列的代价值。因此，获取移动序列的最小代价值，可以转化为计算变迁系统中最短路径的问题。

根据上述分析，为了更清晰地描述相应最短路径查找问题，下面举例进行说明。例如，图 6-5 中路径<($[p_1',p_1]$，(t_1',t_1)，$[p_2',p_2,p_3]$)，($[p_2',p_2$，

p_3]$,(t_2',t_2),$[p_3',p_4,p_3]$)$,([p_3',p_4,p_3]$,(\gg,t_3),$[p_3',p_4,p_5]$)$,([p_3',p_4,p_5]$,(\gg,t_4),$[p_3',p_6]$)$>，提取变迁序列<$(t_1',t_1),(t_2',t_2),(\gg,t_3),(\gg,t_4)$>，并将每个变迁的第一列映射到相应的活动，可得图 6-6(a)所示移动序列。同理，由图 6-5 中的路径<([p_1',p_1]$,(t_1',t_1),$[p_2',p_2,p_3]$)$,([p_2',p_2,p_3]$,(t_3',t_3),$[p_3',p_2,p_5]$)$,([p_3',p_2,p_5]$,(\gg,t_2),$[p_3',p_4,p_5]$)$,([p_3',p_4,p_5]$,(\gg,t_4),$[p_3',p_6]$)$>，可得图 6-6(b)所示移动序列。移动序列也是一个对齐。

从变迁系统的初始状态到任何其他状态的任一路径都会产生移动序列，并且每个路径的总长度产生了该路径构成的移动序列的代价值。因此，从初始状态到终止状态的一个路径产生的移动序列，若在第一列上的投影与某条迹一致且在该条件下路径最短，则产生该迹与模型之间的一个最优对齐。图 6-6(a)所示的对齐即为迹 $\sigma_{61}=\langle a,b\rangle$ 与模型 N_{pm} 之间的一个最优对齐。图 6-5 所示变迁系统中相应的变迁序列对应一条从初始状态到终止状态的最短路径。同理，图 6-6(b)所示的对齐即为迹 $\sigma_{62}=\langle a,c\rangle$ 与模型 N_{pm} 之间的一个最优对齐。

a	b	$\gg$	$\gg$
a t_1	b t_2	c t_3	d t_4

(a) 迹 $\sigma_{61}=\langle a,b\rangle$ 对应的移动序列

a	c	$\gg$	$\gg$
a t_1	b t_2	c t_3	d t_4

(b) 迹 $\sigma_{62}=\langle a,c\rangle$ 对应的移动序列

图 6-6　移动序列

接下来，将给出 A+算法及 A++算法，分别可以得到事件日志中批量迹与过程模型之间的一个最优对齐和所有最优对齐。

6.2　批量迹与过程模型之间最优对齐的查找算法

得到日志模型与过程模型之间乘积变迁系统之后，在该变迁系统基础上，根据标准似然代价函数，利用查找最短路径的思想，可以找到给定迹与过程模型之间的最优对齐。本节给出 A+算法和 A++算法分别计算事件日志中所有迹与过程模型之间的一个最优对齐以及所有最优对齐。

6.2.1　计算一个最优对齐的算法——A+算法

图 6-5 给出日志模型和过程模型之间乘积的变迁系统。下面描述根据该变迁系统得到事件日志中每条迹与过程模型之间一个最优对齐的算法。该算

法的主要思想是针对所有迹在变迁系统中从源结点开始，做如下搜索工作：第一步，将源结点放入优先队列并作为当前结点；第二步，得到当前结点的后继结点放入优先队列，并计算它们的代价值以及前缀最优对齐，从优先队列中选择代价值最小并且前缀最优对齐第1列在活动集合上的投影是迹的前缀的一个结点，作为当前结点；第三步，重复执行第二步，直到当前结点在目标结点集中。最后一个当前结点上标注的对齐就是需要查找的一个最优对齐。重复上述三个步骤能够得到所有迹与过程模型的一个最优对齐。

接下来，给出该算法的详细执行步骤伪代码。首先，给出所需数据结构以及相应变量、函数的声明：

sourcenode：源结点；

targetNodesSet：目标结点集；

pqueue：优先队列，存储变迁系统最优对齐路径中的结点，即当前代价值最小的结点；

visitedNodesSet：已访问结点集；

currnode：当前访问结点；

succnode：后继结点；

successorNodesSet(node)：node 结点的后继结点集；

move(node1，node2)：结点 node1 和 node2 之间的移动；

lc(move(node1，node2))：移动 move(node1，node2)的代价值，默认使用标准似然代价函数定义；

cost(node)：结点 node 的代价值；

alignment(σ_i)(node)：源结点到结点 node 路径上的移动序列；

prefix(σ_i)：σ_i 的前缀集合。

算法 6.1(A＋算法) 计算每条迹与过程模型之间的一个最优对齐。

输入：日志模型与过程模型乘积的变迁系统；

输出：事件日志中每条迹与过程模型之间的一个最优对齐。

步骤：

1. FOR($\forall\sigma_i\in\sigma$) DO//对日志中的所有迹执行如下操作
2. {pqueue←{sourcenode}；//将源结点放入优先队列
3. visitedNodesSet←∅；//将已访问结点集合置空
4. WHILE(pqueue≠∅) DO
5. {FOR($\forall$node∈successorNodesSet(pqueue)) DO
6. {IF($\exists\pi_1$(alignment(σ_i)(node))$_{\downarrow A}\in$ prefix(σ_i) AND cost

(node)≤cost(successorNo_ desSet(pqueue))) THEN//当前前缀对齐在第1列的投影属于迹的前缀集合且代价值最小

7. currnode←node;}

8. IF(currnode∈targetNodesSet) THEN

9. RETURN alignment(σ_i)(node);

//若当前结点在目标结点集中,则找到当前迹的一个最优对齐

10. ELSE//否则,继续查找当前迹的前缀最优对齐

11. FOR(∀succnode∈successorNodesSet(currnode)) DO

12. {IF(succnode∈visitedNodesSet) THEN

13. {IF (cost (succnode) > cost (currnode) + c (move (currnode,succnode))) THEN

14. {cost (succnode) ← cost (currnode) + lc (move (currnode,succnode));

15. pqueue←pqueue∪{succnode};

16. alignment(σ_i)(succnode)←alignment(σ_i)(currnode)⊕ <move(currnode,succnode)>;}}//若后继结点已被访问过,但其代价值比当前最小代价值小,则更新各项信息

17. ELSE

18. {visitedNodesSet←visitedNodesSet∪{succnode};

19. cost(succnode)←cost(currnode)+lc(move(currnode,succnode));

20 pqueue←pqueue∪{succnode};

21. alignment(σ_i)(succnode)←alignment(σ_i)(currnode)⊕ <move(currnode,s_ uccnode)>;}}}}}//若后继结点未被访问过,则访问,并将其加入队列,记录其代价值,添加对应移动到前缀对齐

以迹 $\sigma_{61}=\langle a,b\rangle$和图 6-5 所示 S_{lm*pm}的变迁系统为例。算法 6.1 的具体执行过程是在变迁系统 S_{lm*pm}上进行查找,在不产生混淆的情况下,查找过程中省略原图中结点和边上的标注。另外,在每个叶子结点旁给出该结点的最优前缀对齐以及代价值。本例中,对于代价的度量采用标准似然代价函数,即在对齐序列中,同步移动的代价值为 0,日志移动和模型移动的代价值各为 1。整个对齐的代价值为序列中每个移动的代价值的累加和。算法 6.1 具体执行过程如图 6-7 所示。

根据算法可知结点[p_1',p_1]为源结点,结点[p_3',p_6]为目标结点。首先

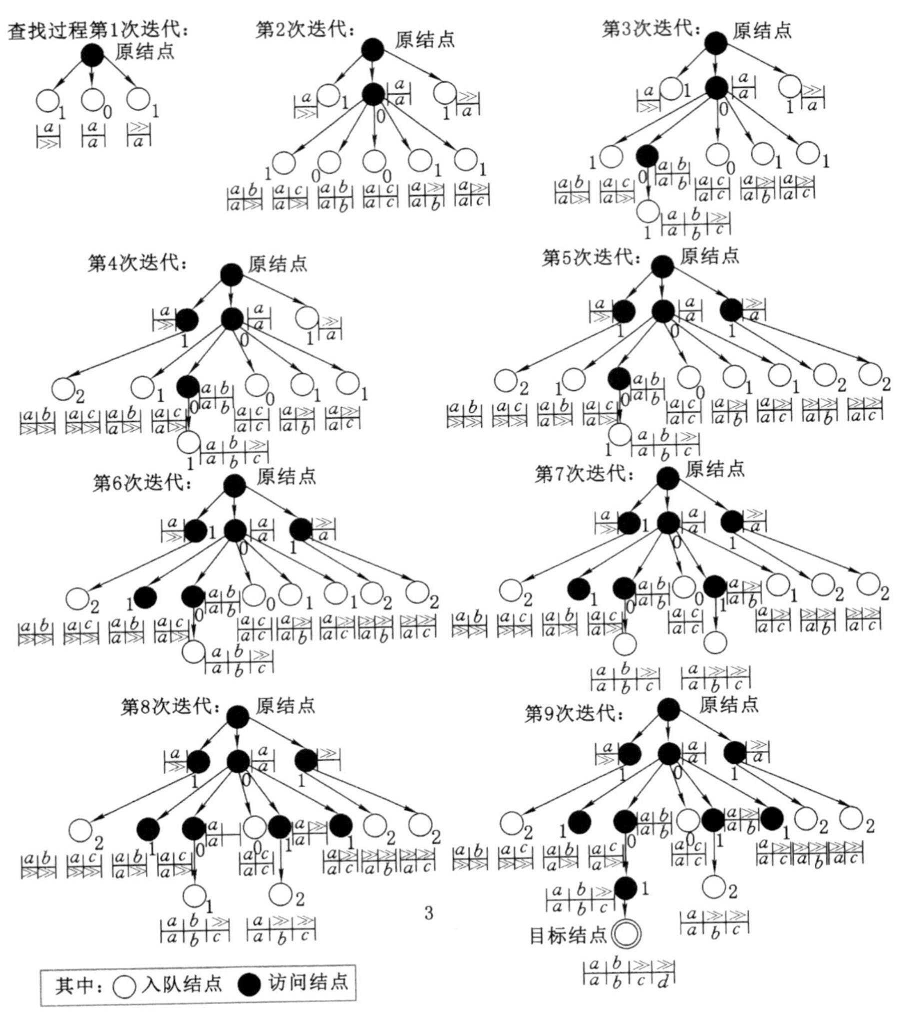

图 6-7　一个最优对齐查找过程

将源结点放入优先队列，取源结点作为当前结点进行访问，将源结点的后继结点放入队列中，并计算出后继结点的代价值及相应的前缀对齐，这是第 1 次迭代，如图 6-7 所示。接下来选择代价值最小的结点[p_2'，p_2，p_3]作为当前结点进行访问，将其后继结点放入队列中，并计算出后继结点的代价值及相应的前缀对齐，这是第 2 次迭代。在队列中取代价值最小的结点[p_3'，p_4，p_3]作为当前结点进行计算，这是第 3 次迭代，计算结果如图 6-7 所示。下一次迭代时，在队列中，虽然结点[p_3'，p_2，p_5]的代价值最小，但是其前缀对齐序对第1列在 A 上的投影，不是迹 σ_{61} 的前缀，因此不能作为当前结点。其余结点的代价值相同，按照队列先进先出的特点，结点[p_2'，p_1]为当前结点。在计算结点[p_2'，p_1]的后继结点时，发现结点[p_2'，p_2，p_3]亦为其后继结点，但因为通过结点[p_2'，p_1]的代价值和两结点之间边的代价值之和大于结点[p_2'，p_2，p_3]原来的代价值，因此结点[p_2'，p_2，p_3]的代价值和前缀对齐保留原来值，不被更新。然后，依次选择结点[p_1'，p_2，p_3]、[p_3'，p_2，p_3]、[p_2'，p_4，p_3]、[p_2'，p_2，p_5]作为当前结点进行迭代，具体执行过程参照图 6-7。最后，以结点[p_3'，p_4，p_5]作为当前结点，查找其后继结点，找到后继结点[p_3'，p_6]为目标结点。查找过程结束，求得的目标结点[p_3'，p_6]上标注的对齐就是要查找的一个最优对齐。

同理，通过该算法也可以得到 $\sigma_{62}=\langle a,c\rangle$ 的一个最优对齐。

6.2.2 计算所有最优对齐的算法——A++算法

算法 6.2 计算事件日志中每条迹与过程模型之间的所有最优对齐。该算法的主要思想是对每条迹在变迁系统中从源结点开始，做如下搜索工作：第一步，将源结点放入优先队列并作为当前结点；第二步，得到当前结点的后继结点放入优先队列，并计算它们的代价值以及前缀最优对齐，从优先队列中选择代价值最小并且前缀最优对齐第1列在活动集合上的投影是迹的前缀的所有结点，作为当前结点；第三步，重复执行第二步，直到当前结点在目标结点集中。最后当前结点上标注的对齐就是需要查找的最优对齐。重复上述三个步骤能够得到事件日志中全部迹与过程模型之间的所有最优对齐。

下面给出详细执行步骤伪代码。数据结构以及相应的变量、函数的声明和算法 6.1 基本一致，只是每个结点对应的前缀最优对齐不止一个，因此将算法 6.1 中 alignment(σ_i)(node)改为数组 alignment(σ_i)(node)(j)，其中 $j\geq 1$。

算法 6.2(A++算法) 计算每条迹与过程模型的所有最优对齐。

输入：日志模型与过程模型乘积的变迁系统；

输出：事件日志中每条迹与过程模型之间的所有最优对齐。

步骤：

```
1. FOR(∀σi∈σ) DO//对于日志中所有迹执行如下操作
2.     {pqueue←{sourcenode};//初始化优先队列
3.     visitedNodesSet←∅;//将已访问结点集合初始化为空集
4.     solutionNodesSet←∅;//将已解决结点集合初始化为空集
5.     solutionFound←false;//标志位，若找到迹的最优对齐为 true，否则
```

为 false

6. distanceLim←+∞;//预设最小代价值为无穷大

7. WHILE(pqueue≠∅) DO

8. {FOR(∀node∈successorNodesSet(pqueue)) DO//取队列中所有结点的后集结点

9. {IF(∃π_1(alignment(σ_i)(node)(k))$_{\downarrow A}$∈prefix(σ_i) AND cost(node)≤cost(successor_ NodesSet(pqueue))) THEN//当前前缀对齐在第1列的投影属于迹的前缀集合且代价值最小

10. currnode←node;}

11. IF(π_1(alignment(σ_i)(node)(k))$_{\downarrow A}$≤distanceLim) THEN

12. {IF(currnode∈targetNodesSet) THEN

13. {solutionFound←true;

14. distanceLim←π_1(alignment(σ_i)(node)(k))$_{\downarrow A}$;

15. solutionNodesSet←solutionNodesSet∪{currnode};}

//若当前结点在目标结点集中,则找到当前迹的一个最优对齐

16. FOR(∀succnode∈successorNodesSet(currnode)) DO

17. {IF(succnode∈visitedNodesSet) THEN

18. IF(cost(succnode)>cost(currnode)+lc(move(currnode,succnode))) THEN

19. {cost(succnode)←cost(currnode)+lc(move(currnode,succnode));

20. pqueue←pqueue∪{succnode};

21. alignment(σ_i)(succnode)(k)←alignment(currnode)(k)⊕<move(currno_ de,succnode)>;}//若后继结点已被访问过,但其代价值比当前最小代价值小,则记录该代价值,该结点入队,并将对应移动并入前缀对齐

22. ELSE

23. {IF(cost(succnode)=cost(currnode)+lc(move(currnode,succnode))) THEN

24. {visitedNodesSet←visitedNodesSet∪{succnode};

25. cost(succnode)←cost(currnode)+lc(move(currnode,succnode));

26. pqueue←pqueue∪{succnode};

27. alignment(σ_i) t (succnode)(k)← alignment(σ_i)

(currnode)(k)⊕<move(curr_ node,succnode)>;}//若后继结点已被访问过,且新得的代价值与原值相同,则记录相关信息,保证能够得到所有最优对齐

28.　　ELSE

29.　　{visitedNodesSet←visitedNodesSet∪{succnode};

30.　　cost(succnode)←cost(currnode)+lc(move(currnode,succnode));

31.　　pqueue←pqueue∪{succnode};

32.　　alignment(σ_i)(succnode)(j)←alignment(σ_i)(currnode)(j)⊕<move(currno_ de,succnode)>;}}//若后继结点未被访问过,则访问,并记录各项信息

33.　　ELSE

34.　　BREAK WHILE;}}//否则,不做任何操作

35.　IF(solutionFound=true) THEN//若找到最优对齐,则返回各条迹的所有最优对齐

36.　FOR(∀solutionNode∈solutionNodesSet AND solutionNode∈targetNodesSet) DO

37. RETURN alignment(σ_i)(solutionNode);}

对上述两个算法进行分析,如果将算法 6.1 中存储后继结点的数据结构由队列改为栈,那么算法 6.1 的效率将会有一定程度的提高。算法 6.1 查找迹的一个最优对齐,类似图的深度优先遍历。算法 6.2 查找迹的所有最优对齐,类似图的广度优先遍历。因此两个算法的时间复杂度都和图的规模有关系,且其最坏时间复杂度分别和图的深度优先遍历和广度优先遍历复杂度一致。

6.3　AoPm 方法性能分析

已知 m 条迹与过程模型,计算它们之间的对齐需要生成 m 条迹的日志模型、求日志模型与过程模型的乘积及变迁系统、运行 A+算法及 A++算法等步骤。整个求解过程称为 AoPm 方法。接下来,分析该方法的复杂度,并对其正确性给予说明。A++算法实际为 A+算法的扩展,算法的基本思想一致。本书重点分析 A+算法的复杂度及正确性。

6.3.1　复杂度分析

目前,已有的对齐方法每次只计算一条迹和过程模型之间的最优对齐。

假设事件日志共有 m 条迹，每条迹包含的活动数为 t_i 个（$1 \leqslant i \leqslant m$），过程模型中有 p 个变迁。计算 m 条迹与过程模型之间的最优对齐时，首先要生成 m 个日志模型，每个模型对应一条迹，日志模型的变迁数和迹的活动数相同，分别为 t_i 个。然后，计算每个日志模型与过程模型的乘积模型。根据两个 Petri 网乘积的定义，假设每个日志模型与过程模型有 s_i 个同步变迁（$0 \leqslant s_i \leqslant \min(t_i, p)$），则日志模型和过程模型的乘积模型共 $t_i + p + s_i$ 个变迁。最后，分别得到 m 个乘积模型的变迁系统，对每个变迁系统运用 A＊对齐算法，即可得到每条迹与过程模型之间的一个最优对齐。

经分析，求解过程中，共得到 m 个乘积模型，每个乘积模型的变迁数为 $t_i + p + s_i$。生成 m 个变迁系统，运用 A＊对齐算法 m 次。

依据上述假设，分析 AoPm 方法的性能。首先采用挖掘算法生成日志模型，该模型至多有 t_s 个变迁（$\max(t_i) \leqslant t_s \leqslant mt_i, 1 \leqslant i \leqslant m$）。然后计算乘积模型，假设日志模型与过程模型有 s_s 个同步变迁（$0 \leqslant s_s \leqslant \min(t_s, p)$），则乘积模型共有 $t_s + p + s_s$ 个变迁。最后，生成该乘积模型的变迁系统，在变迁系统中运用 A＋算法，即可得到 m 条迹各自与过程模型之间的一个最优对齐。

分析可知，AoPm 方法求解过程中，只得到一个乘积模型，乘积模型的变迁数为 $t_s + p + s_s$。只需生成一个变迁系统，运用 A＋算法一次。

一般情况下，事件日志中出现的不同活动数和过程模型中变迁数相当，不会有太多偏差。因此，由一条迹生成的日志模型与过程模型所得的乘积，和多条迹挖掘出的日志模型与过程模型所得的乘积具有相同数量级的变迁数，即 $t_i + p + s_i \approx t_s + p + s_s$。由乘积得到的变迁系统占用的存储空间也具有相同的数量级，且变迁系统中结点个数随着乘积模型中变迁个数的增加而增加，但二者之间的函数关系难以确定，假定变迁系统中结点个数为 n 个。可见，批量迹与过程模型的对齐比单条迹与过程模型的对齐在计算乘积及变迁系统时节约了大量计算时间和存储空间。

另外，A＋算法其实是在 A＊对齐算法基础上进行的扩展。A＊对齐算法执行一次只能计算出一条迹与过程模型之间的最优对齐，而 A＋算法一次可计算出 m 条迹与过程模型之间的最优对齐。计算一条迹与过程模型的最优对齐时，与 A＊对齐算法相比，A＋算法需对当前对齐结果第 1 列在活动集合 A 上的投影是否是当前迹的最优前缀对齐进行判断。此操作对于计算一条迹与过程模型的最优对齐时间复杂度所造成的影响可忽略不计。因此，A＋算法的时间复杂度是 A＊对齐算法的 m 倍。由上述分析可知，计算 m 条迹与过程模型的最优对齐时，A＊对齐算法要调用 A＊算法 m 次，而 AoPm 方法仅需调用一次 A+算法。因此，A＊对齐算法和 AoPm 方法计算一个最优对齐所花费时间的数量级相同。

虽然计算 m 条迹与同一过程模型的一个最优对齐时，分别使用 1 次 A+算法和 m 次 A＊算法的时间复杂度相同，但 AoPm 方法主要节省了日志模型与过程模型计算乘积及变迁系统时所花费时间及所占用空间。

由此可知，计算 m 条迹与过程模型的一个最优对齐时，比较 A＊对齐算法和 AoPm 方法的复杂度，结果如表 6-3 所示。

表 6-3　A＊对齐算法和 AoPm 方法复杂度对比

各项复杂度比较	A＊对齐算法	AoPm 方法
乘积模型中变迁个数	$O(t+p+s)$	$O(t+p+s)$
变迁系统中结点的个数	$O(n)$	$O(n)$
乘积模型的个数	m	1
变迁系统的个数	m	1
查找一个最优对齐的时间复杂度	$O(n^2)*m$	$O(mn^2)*1$

6.3.2　有效性分析

本节对 AoPm 方法能否正确实现计算事件日志中所有迹与过程模型的最优对齐进行分析。本章已经论述过本方法所使用的过程发现算法保证挖掘得到的日志模型能够重演生成该模型的事件日志的任意一条迹。即根据事件日志 $L_1=<\sigma_1,\sigma_2,\sigma_3,\cdots,\sigma_n>$挖掘出日志模型 N_1，N_1 能够完全正确重演迹 σ_1、σ_2、σ_3、…、σ_n，也就是迹 σ_1、σ_2、σ_3、…、σ_n 中每个活动在 N_1 中对应的变迁组成的序列分别是 N_1 中的一个完整引发序列。

假定事件日志 $L_1=<\sigma_1,\sigma_2,\sigma_3,\cdots,\sigma_n>$，根据基于区域的过程发现算法得到日志模型记作 $N_1=(P_1,T_1;F_1,\alpha_1,m_{i,1},m_{f,1})$，已有过程模型为 $N_2=(P_2,T_2;F_2,\alpha_2,m_{i,2},m_{f,2})$，二者乘积模型为 $N_3=N_1\otimes N_2=(P_3,T_3;F_3,\alpha_3,m_{i,3},m_{f,3})$，乘积的变迁系统为 S_3。为便于描述，对 S_3 每条路径上的标记内容做如下运算：设原标记为(x,y)，若 $x=>>$，定义新标记为(x,y)；否则，新标记为$(\alpha(x),y)$。S_3 中从源结点到目标结点的所有路径采用其所遍历边的新标记来表示，所有路径组成的集合记作Λ。$\Gamma^{L1,N2}$记作日志 L_1 与模型 N_2 之间所有对齐的集合。$\Gamma^{o}_{L1,N2,lc}$记作日志 L_1 与模型 N_2 之间基于标准似然代价函数 $lc()$的所有最优对齐的集合。

定理 6.1　对 $\gamma_i\in\Gamma^{L1,N2}$，$\exists\lambda_j\in\Lambda$，有 $\lambda_j=\gamma_i$，其中 $1\leqslant i\leqslant|\Gamma^{L1,N2}|\wedge 1\leqslant j$

$\leqslant|\Lambda|$（$|\Gamma^{L1,N2}|$记录对齐集$\Gamma^{L1,N2}$的长度，$|\Lambda|$记录路径集合Λ的长度）。

证明：对$\forall\sigma_k\in L_1\wedge 1\leqslant i\leqslant|\Gamma^{L1,N2}|$，$N_2$中$\exists$变迁引发序列$t_1{}'t_2{}'\cdots t_m{}'$，使得$m_{i,1}[t_1{}'t_2{}'\cdots t_m{}'>m_{f,1}$且$\sigma_k=<\alpha(t_1{}'),\alpha(t_2{}'),\cdots,\alpha(t_m{}')>$。因为$N_1$是合理的，即$N_1$具有可正确完成性。$N_1$中，$\exists$变迁引发序列$t_1t_2\cdots t_k$，使得$m_{i,2}[t_1t_2\cdots t_k>m_{f,2}$。所以$N_3$中，$\exists$变迁引发序列$(t_1{}',>>)(t_2{}',>>)\cdots(t_m{}',>>)\cdots(>>,t_1)(>>,t_2)\cdots(>>,t_k)$，使得$m_{i,3}[(t_1{}',>>)(t_2{}',>>)\cdots(t_m{}',>>)\cdots(>>,t_1)(>>,t_2)\cdots(>>,t_k)>m_{f,3}$。即$\exists\lambda_j\in\Lambda$，$\lambda_j=<(\alpha(t_1{}'),>>),(\alpha(t_2{}'),>>),\cdots,(\alpha(t_m{}'),>>),\cdots,(>>,t_1),(>>,t_2),\cdots,(>>,t_k)>$。$\lambda_j$满足：① $\pi_1(\lambda_j)_{\downarrow A}=\sigma_k$；② $m_{i,2}\xrightarrow{\pi 2(\lambda j)\downarrow T}m_{f,2}$。所以$\lambda_j$为迹$\sigma_k$与模型$N_2$之间的一个对齐，即$\lambda_j\in\Gamma^{L1,N2}$。因此，$\exists\gamma_i\in\Gamma^{L1,N2}$，有$\lambda_j\in\Lambda$，使得$\lambda_j=\gamma_i$。

定理6.1说明乘积变迁系统S_3中至少存在一条路径，路径边上的标记是日志L_1指定迹σ_k与N_2之间的一个对齐γ_i。上述证明过程中，找到的对齐是情况最坏的一个对齐，即存在偏差最多的一类对齐。该对齐由两部分组成，一部分是由只引发日志模型中的变迁得到，一部分是由只引发过程模型中的变迁得到。由定理6.1可知，变迁系统中至少存在一条从源结点到目标结点的路径是日志中某条迹与过程模型之间的对齐。

例如，$\sigma_{61}=<a,b>$与过程模型N_{pm}在变迁系统图中能找到一条如图6-8所示路径，且可得如图6-9所示的一个对齐。

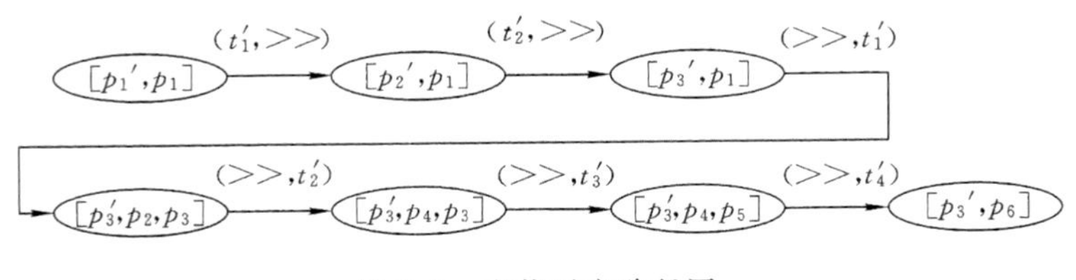

图6-8　查找对齐路径图

a	b	>>	>>	>>	>>
>>	>>	a t_1	b t_2	c t_3	d t_4

图6-9　迹$\sigma_{61}=<a,b>$与过程模型N_{pm}之间的一个对齐

定义6.1(日志同步网)　设A是一个活动名称集合。$N_1=(P_1,T_1;F_1,\alpha_1,m_{i,1},m_{f,1})$和$N_2=(P_2,T_2;F_2,\alpha_2,m_{i,2},m_{f,2})$是$A$上的两个Petri网。$N_1$和$N_2$的日志同步网记作Petri网$N_4=(P_4,T_4;F_4,\alpha_4,m_{i,4},m_{f,4})$，

其中：

(1) $P_4=P_1$；

(2) $T_4=\{(t_1,>>)|t_1\in T_4\}\cup\{(t_1,t_2)\in T_1\times T_2|\alpha(t_1)=\alpha(t_2)\neq\tau\}$；

(3) $F_4:(P_4\times T_4)\cup(T_4\times P_4)\rightarrow N^{0+}$，其中：

① $F_4(p_1,(t_1,>>))=F_1(p_1,t_1)\cup F_4((t_1,>>),p_1)=F_1(t_1,p_1)$，若 $p_1\in P_1\wedge t_1\in T_1$；

② $F_4(p_1,(t_1,t_2))=F_1(p_1,t_1)\cup F_4((t_1,t_2),p_1)=F_1(t_1,p_1)$，若 $p_1\in P_1\wedge(t_1,t_2)\in T_4\cap(T_1\times T_2)$；

③ $F_4(x,y)=0$，其他情况；

(4) $\alpha_4:T_4\rightarrow A^\tau$，若 $\alpha_4((t_1,t_2))\in T_4$，则 $\alpha_4((t_1,t_2))=\alpha(t_1)$；

(5) $m_{i,4}=m_{i,1}$；

(6) $m_{f,4}=m_{f,1}$。

定理 6.2 对 $\forall\lambda_i\in\Lambda$，有 $\lambda_i\in\Gamma^{L1,N2}$，其中 $1\leqslant i\leqslant|\Lambda|$（$|\Lambda|$ 记录路径集合 Λ 的长度）。

证明：$\forall\lambda_i\in\Lambda_1$，设 $\pi_1(\lambda_i)_{\downarrow A}=\sigma_x$，其中 $\sigma_x=<a_1,a_2,\cdots,a_m>$。若 $\sigma_x\in L_1$，则 λ_i 满足：$\pi_1(\lambda_i)_{\downarrow A}=\sigma_x\in L_1$；又因为 $\lambda_i\in\Lambda$，所以 $m_{i,2}\xrightarrow{\pi2(\lambda_i)\downarrow T}m_{f,2}$。因此 $\lambda_i\in\Gamma^{L1,N2}$，问题得证。

假设 $\sigma_x\notin L_1$，因为 $\lambda_i\in\Lambda$，所以 λ_i 可对应 N_3 的一个变迁引发序列，记作 $(t_{31}',t_{31})(t_{32}',t_{32})\cdots(t_{3k}',t_{3k})$。取其中 $\pi_1(\alpha_1(t_{3i}',t_{3i}))\neq>>$ 的变迁组成一个新序列 $(t_{41}',t_{41})'(t_{42}',t_{42})'\cdots(t_{4j}',t_{4j})'$，则为 N_4 的一个变迁引发序列，且 $\sigma_x=\pi_1((\alpha_4((t_{41}',t_{41})'),\alpha_4((t_{42}',t_{42})'),\cdots,\alpha_4((t_{4j}',t_{4j})')))_{\downarrow A}$。设 $t_{11}'\in T_1\wedge(t_{41}',t_{41})\in T_4$，若 $\alpha_1(t_{11}')=\alpha_4(t_{41}',t_{41})$，则 $^\cdot t_{11}'={}^\cdot(t_{41}',t_{41})\wedge t_{11}'^\cdot=(t_{41}',t_{41})^\cdot$。即 $\forall a\in\sigma_x$，若 $(t_i',>>)\in T_4\wedge\alpha_4((t_i',>>))=a$ 或 $(t_i',t_i)\in T_4\wedge\alpha_4((t_i',t_i))=a$，$\exists t_i'\in T_1\wedge\alpha_4(t_i')=a$。所以 N_4 中，$\forall m_{i,4}[(t_{41}',t_{41})'(t_{42}',t_{42})'\cdots(t_{4j}',t_{4j})'>m_{f,4}$，$N_1$ 中，$\exists m_{i,1}[t_{11}'t_{12}'\cdots t_{1j}'>m_{f,1}$，使得 $<\alpha_4((t_{41}',t_{41})'),\alpha_4((t_{42}',t_{42})'),\cdots,\alpha_4((t_{4j}',t_{4j})')>=<\alpha_1(t_{11}'),\alpha_1(t_{12}'),\cdots,\alpha_1(t_{1j}')>$。这与假设 $\sigma_x\notin L_1$ 是相矛盾的。显然假设不成立。即 $\lambda_i\in\Gamma^{L1,N2}$。

定理 6.2 说明 T_1 中任选一条从源结点到目标结点的路径，该路径边上的标记组成的序列 λ_i 是 L_1 中某条迹 σ_x 与 N_2 之间的一个对齐。例如 6.1 节中示例，其只保留原日志模型 N_{lm} 中的库所、变迁、同步变迁以及它们之间的弧，得到子网模型如图 6-10 所示。

子网模型 N_{lt} 虽与日志模型 $N_{\rm lm}$ 的变迁引发序列不同，但是由它们的变迁引发序列生成的事件日志集是完全相同的。由定理 6.2 可知，变迁系统中任选一条路径可得到日志中某条迹与过程模型之间的一个对齐。

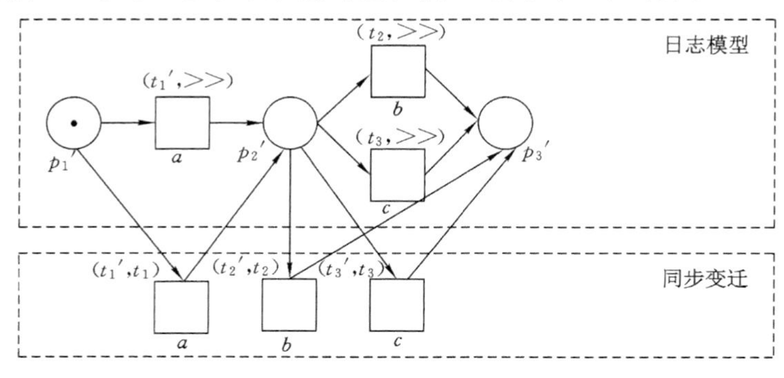

图 6-10　子网模型 N_{lt}

定理 6.3　设Λ是变迁系统所有路径组成的集合，$\Gamma^{L1,N2}$是日志 L_1 与模型 N_2 之间所有对齐的集合，有$\Lambda=\Gamma^{L1,N2}$。

证明：根据定理 6.2，$\Lambda\subseteq\Gamma^{L1,N2}$成立。

假设$\exists\sigma_i$，$\exists\gamma_1\in\Gamma^{L1,N2}$但 $\gamma_1\notin\Lambda$。即 γ_1 对应的序列不是 N_3 的一个变迁引发序列。γ_1 是 σ_i 与 N_2 之间的一个对齐，所以 γ_1 满足① $\pi_1(\gamma_1)_{\downarrow A}=\sigma_i$；② $m_{\rm i,2}\xrightarrow{\pi2(\gamma1)\downarrow T}m_{\rm f,2}$。$\gamma_1$ 为 N_3 的一个变迁引发序列。即 $\gamma_1\in\Lambda_1$，因此假设不成立。故 $\Gamma^{L1,N2}\subseteq\Lambda$。

定理 6.3 说明 T_1 中包含 L_1 任一条迹 σ_i 与 N_2 之间的所有对齐。由定理 6.3 可知，通过搜索变迁系统中从源结点到目标结点的路径，可以找到日志中所有迹与过程模型之间的所有最优对齐。

推论 6.1　对于$\forall\sigma_i\in L_1$，A+算法计算结果 alignment$(\sigma_i)\in\Gamma^o_{L1,N2,lc}$。

A+算法能找到 L_1 中所有迹与 N_2 之间的一个最优对齐。根据定理 6.3，T_1 包含了任一条迹 σ_i 与 N_2 之间的所有对齐。其中肯定也包含了 L_1 中所有迹与 N_2 的最优对齐。A+算法是在改进 A＊算法的基础上得到的，在查找的过程中，计算了每个结点的代价值和最优对齐。A+算法既保证当前搜索的结点代价值最小，又保证该结点对应的前缀对齐是迹 σ_i 的前缀，因此，A+算法能找到 L_1 中迹 σ_i 与 N_2 之间的一个最优对齐。对每条迹都如此进行搜索最优对齐的工作，最终 A+算法能找到 L_1 中所有迹与 N_2 之间的一个最优对齐。

推论 6.2 对于$\forall \sigma_i \in L_1$,A++算法计算结果$\sum_{i=1}^{|L1|} \text{alignment}(\sigma_i) = \Gamma^{o}_{L1,N2,lc}$。

A++算法能找到L_1中全部迹与N_2之间的所有最优对齐。同理,根据定理 6.3,变迁系统中包含了事件日志中全部迹与过程模型之间的所有对齐。A++算法记录了所有代价值最小且前缀对齐是迹σ_i的前缀的结点,因此肯定能找到所有的最优对齐。

6.4 仿真实验

给定事件日志中批量迹与过程模型,本章 6.2 节提出 A+算法和 A++算法计算它们之间的最优对齐,是 AoPm 方法的核心思想。本节给出一些实验结果来评价 AoPm 方法,并与 A∗对齐算法进行比较。本节所做实验均基于 ProM 平台。运行 ProM 平台的计算机至少应该具有 Intel Core 3.20 GHz 处理器,1 GB 的 Java 虚拟内存。

ProM 是一个完全插件式环境,可通过添加插件来扩展其功能。在 ProM 平台上实施 AoPm 方法,将该方法用工具包“Alignments of Process Model and m Traces”实现。该工具包能够实现 AoPm 方法所述全部功能,即计算过程模型与批量迹之间的最优对齐。给定过程模型及事件日志,AoPm 方法的具体实现步骤包括:① 基于区域的过程发现算法,挖掘事件日志中所有迹的日志模型;② 得到日志模型与过程模型的乘积系统;③ 计算乘积系统的可达图,得到其变迁系统;④ 运用 A+算法及 A++算法,分别得到日志中所有迹与过程模型之间的一个最优对齐和所有最优对齐。

本节对两组实验进行了分析。在第一组实验中,使用人工模型与日志进行仿真,显示 AoPm 方法的可行性,及较 A∗对齐算法的优越性;第二组实验显示了 AoPm 方法处理现实生活模型与日志的可用性和适应性。人工仿真实验在 6.4.1 节进行说明,而实际案例分析在 6.4.2 节中进行阐述。

6.4.1 人工日志与模型

本组实验的目的在于评价 AoPm 方法计算批量迹与人工过程模型之间对齐的健壮性。仿真实验考察的重点在于:内存效率和计算时间。

分析现在较为流行的网上购物模式,人工创建一个过程模型,如图 6-11 所示。该网上购物流程工作流网模型中,首先用户登录网上购物平台(login)选购商品,选中商品后可以立即购买(buy now),也可以先将商品放入购物车(add to cart),而且往购物车中放入商品的过程可以反复执行,以便同时购买多样商品，选择结束后进入购物车(go to cart)进行结算(settle accounts)。无论是立即购买还是在购物车中进行结算，均会生成订单(generate order)，之后需要用户确认收货地址信息(confirm address)，与此同时用户还需确认账单的商品信息(confirm order)。信息确认后提交订单(submit order)，此时可以放弃购买(cancel order)，交易结束；也可以进入付款环节，而实施真正的付款(pay)之前要先进行付款方式的选择(choose method)。如果付款成功(succeed)，卖家会发货，用户收到商品后，要进行收货确认(confirm receipt)，之后应对商品给予评价(estimate)，交易结束；如果付款失败(fail)，交易直接结束。

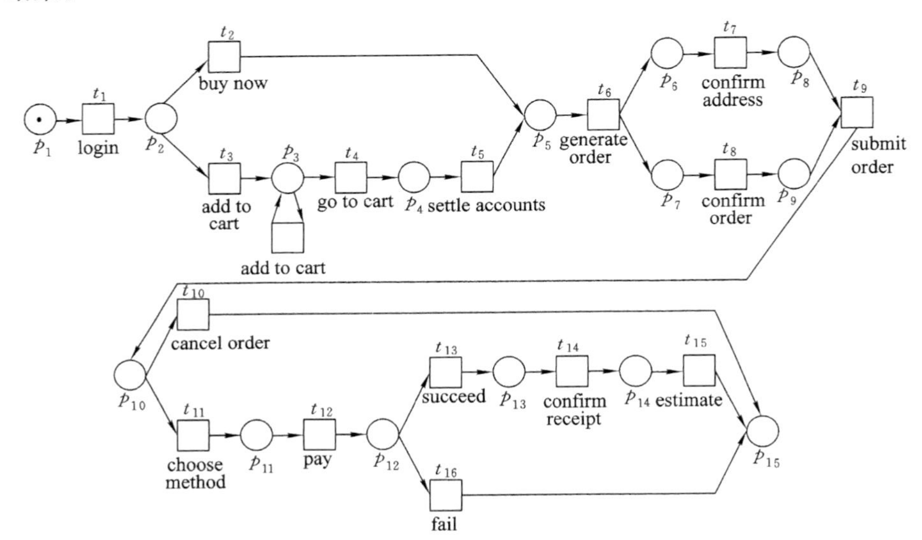

图 6-11　网上购物流程的工作流网模型 N_{os}

由该模型随机生成事件日志与已知过程模型进行分析。根据过程模型生成完全拟合且长度不相同的迹，每条迹大约包含 6～30 个活动，并通过随机删除和增加活动在迹中制造噪声。然后，根据标准似然代价函数计算所有迹与模型的一个最优对齐。在计算过程中统计乘积模型中变迁的个数、变迁系统中结点的个数、生成变迁系统所需时间、查找最优对齐花费的时间等信息，以比较 A＊对齐算法和 AoPm 方法在处理批量迹和过程模型之间的对齐时的优劣。

上述需要考察的项目中，从一定程度上，乘积模型中变迁的个数影响了变迁系统中结点的个数，二者反映了占用的存储空间。查找最优对齐所需时间从实验中记录的数据可看出 A+算法和执行 m 次 A＊对齐算法所需时间相近，不再讨论。两种方法生成变迁系统所需时间的不同就体现了二者在执行时间上的差异。因此，实验重点研究两种方法分别在乘积模型中变迁总数及生成变迁系统所需时间两个方面的对比。

所有实验均采用标准似然代价函数对对齐中出现的偏差进行度量，假设事件日志中出现噪声的比例平均为 25%。每次实验的结果数据都是相同实验做 10 次的平均值。每次随机产生的事件日志中包含 m 条迹。实现 m 条迹与过程模型之间的对齐，AoPm 方法只需执行一次，而 A＊对齐算法需执行 m 次。为了查看整体比较效果，A＊对齐算法考察 m 条迹最终累加结果。实验统计结果分别如图 6-12 与图 6-13 所示。

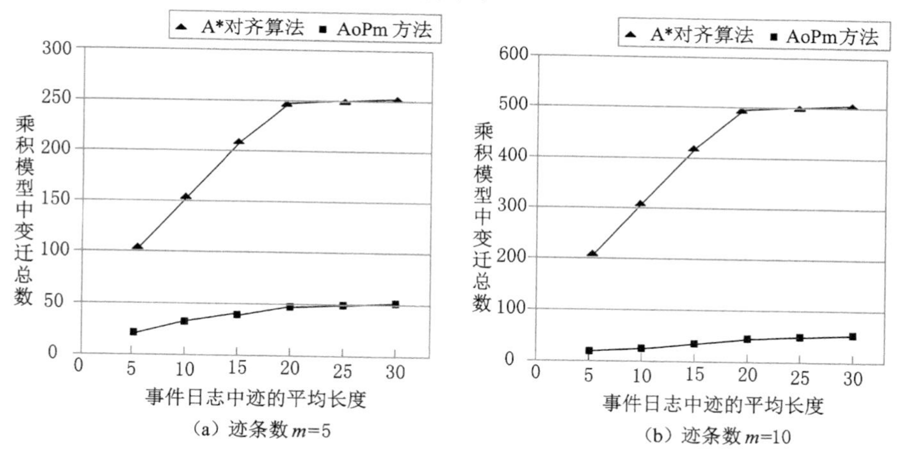

图 6-12　AoPm 方法和 A＊对齐算法的乘积模型中变迁总数比较

图 6-12 中两个子图均显示随着事件日志中迹平均长度的增加，所建立乘积模型的变迁总数会不断增加。该结论与 6.3.1 节的分析结果是一致的。当迹的长度增加时，说明迹中包含的活动增多，根据迹建立的日志模型中的变迁数就会增加，因此乘积模型的变迁总数也会增加。

另外，不论事件日志所包含迹的数目为多少，使用 AoPm 算法只需建立一个日志模型，相应地只需生成一个乘积系统；而使用 A＊对齐算法所建立日志模型与所生成乘积系统的数目和迹的数目是相同的，即当事件日志中迹的数目 $m=5$ 时，需建立 5 个乘积系统，而当 $m=10$ 时，需建立 10 个乘积系统。因此，A＊对齐算法建立乘积系统中包含的变迁总数是 AoPm 方法的 m 倍。

图 6-11 所示网上购物流程工作流网模型 N_{os} 共包含 17 个变迁，对应着

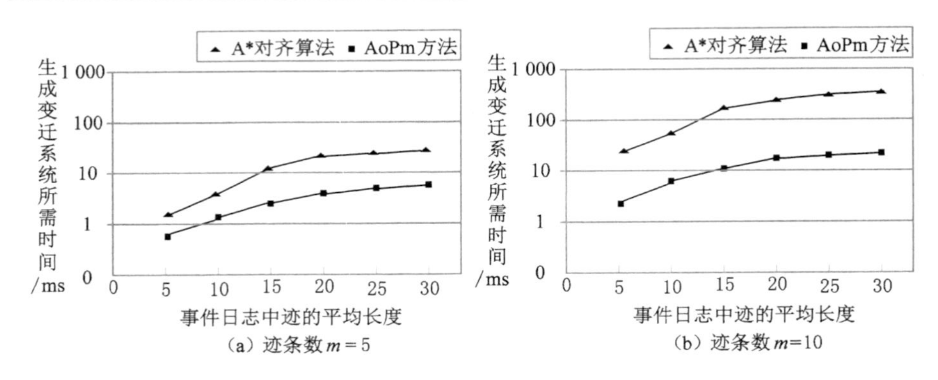

图 6-13　AoPm 方法和 A＊对齐算法生成变迁系统所需时间比较

17 个活动。假设事件日志出现噪声的比例平均为 25%左右，如此事件日志中出现过程模型中不存在的活动最多约 4 个。由图 6-12 可以看出，当迹的长度为 20 时，即使事件日志中迹平均长度继续增加，所得乘积系统的变迁数基本保持不变。这是因为，事件日志中可能会出现的合理活动有 20 个左右，当迹平均长度达到此值时，即使迹长度再增加，迹中活动只会重复出现，而不会有新活动出现。因此此时日志模型的变迁数稳定不变，同步变迁数保持不变，而乘积系统的变迁数也基本保持不变。

图 6-12 中的纵坐标取值范围有较大不同，从图中可以看出，事件日志中迹的数目 $m=10$ 时，A＊对齐算法所得乘积模型的变迁数是 $m=5$ 时乘积模型变迁数的 2 倍左右。其原因为：采用 A＊对齐算法生成的乘积模型的个数与事件日志中迹的数目是一致的，而每个乘积模型包含的变迁数和给定迹相关。但是，当事件日志中迹的数目发生变化时，AoPm 方法生成的乘积模型包含的变迁数基本保持不变，是因为出现在迹中的活动是一定的，当迹的数目增加到一定时，即使出现新迹，也几乎没有新活动出现。此时，生成模型时，增加的只是变迁之间的库所和弧，而不会增加新变迁。

图 6-13 中，y 轴以指数级规模增长。从图 6-13 中可以看出，A＊对齐算法生成变迁系统所花费的时间是 AoPm 方法的倍数且与事件日志中迹的数目有关系。当 $m=5$ 时，A＊对齐算法生成变迁系统花费的时间是 AoPm 方法的 5 倍左右；当 $m=10$ 时，A＊对齐算法生成变迁系统花费的时间是 AoPm 方法的 10 倍左右。其原因为：若迹的平均长度相同，当事件日志中有 m 条迹时，A＊对齐算法要生成 m 个变迁系统，而 AoPm 方法只需生成 1 个变迁系统。二者生成的每个变迁系统规模相近且花费的时间亦相似。

比较图 6-13 中两个子图可以发现，当事件日志中迹的数目增加时，无论是 A＊对齐算法还是 AoPm 方法生成变迁系统所花费的时间均有一定增加。其原因为：当迹的数目增加时，使用 A＊对齐算法生成的变迁系统个数会相应增加；而 AoPm 方法虽然只生成一个乘积模型且模型的变迁数相近，但模型的库所和弧会有一定程度增加，因此生成的变迁系统会更为复杂，花费时间更多。

无论是 AoPm 方法还是 A＊对齐算法，占用内存空间都主要是由变迁系统结点数造成的。实验比较结果如图 6-14 所示。

A＋算法和 A＋＋算法均是在变迁系统上进行结点搜索，其空间复杂度主要是考察变迁系统的结点数，而变迁系统的结点数是随着乘积模型的变迁数的增加而递增的。但是对比图 6-12 和图 6-14 可以看出，变迁系统的结点数和乘积模型的变迁数之间既非线性关系也非指数关系。这也符合工作流网的可达图与其变迁数之间的关系。

综上所述，计算事件日志中批量迹与过程模型之间的最优对齐时，AoPm 方法无论在占用内存方面还是计算时间方面都比 A＊对齐算法更好一些。

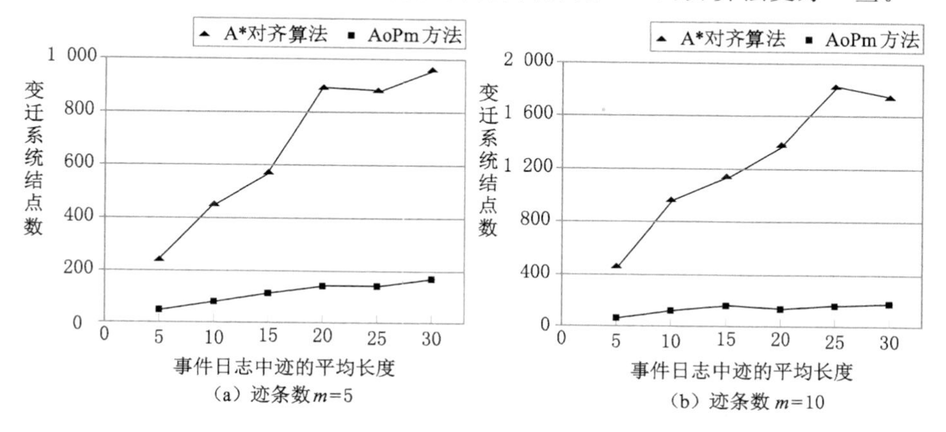

图 6-14　AoPm 方法和 A＊对齐算法的变迁系统结点数比较

6.4.2　实例分析

对齐是观察行为和建模行为之间进行各种分析的起点。而批量迹与过程模型之间的对齐可以提高对齐效率，包括计算对齐花费的时间和占用的内存空间。6.4.1 中通过仿真实验详细地分析介绍了 AoPm 方法较 A＊对齐算法的优越性。本小节将采用现实生活中的日志与模型作为研究案例来说明 AoPm 方法在处理更为复杂的实际案例时所具有的洞察力及健壮性。本实验所采用日志与模型来自某三甲医院，主要包括门诊系统、住院系统的业务案例及流程。为便于描述，门诊系统业务和住院系统业务在本实验中分别用 OPSB(Outpatient System Business)与 IPSB(Inpatient System Business)标记。两个业务流程相关事件日志与模型的详细描述如表 6-4 所示。

表 6-4　真实案例相关数据

序号	事件日志		过程模型		
	名称	迹条数	活动数	变迁数	库所数
1	OPSB	1 831	50 541	46	43
2	IPSB	723	39 356	70	72

根据给定真实日志和模型使用 A+算法和 A++算法分别计算日志中每条迹与过程模型之间的一个最优对齐和所有最优对齐，统计所需时间及对偏差的诊断情况，来例证该方法的可行性与适应性。其实验统计结果如表 6-5 与表 6-6 所示。

表 6-5　真实案例所需时间

案例名称	A+算法	A++算法		
	所需时间/s	最优对齐数/迹		所需时间/s
		最大	平均	
OPSB	<1	29	1.30	<1
IPSB	<1	54	1.91	<1

表 6-6　真实案例偏差统计

序号	OPSB 案例		IPSB 案例	
	迹条数	偏差数	迹条数	偏差数
1	241	9	63	13
2	173	8	39	31
3	56	12	24	10
4	49	17	9	3
5	21	—	12	—

表 6-5 记录使用案例 OPSB 和 IPSB 分别运行 A+算法和 A++算法所

需花费时间。从统计结果来看,其运行时间均小于 1 s。说明算法在处理实际复杂问题时,能够在有限且较短时间内完成,因此算法的时间复杂度是可以接受的且效率较高。另外,使用 A++算法计算事件日志中迹与过程模型之间的所有最优对齐时,案例 OPSB 中每条迹的平均最优对齐个数为 1.30,所有迹中最优对齐个数最多为 29;案例 IPSB 中每条迹的平均最优对齐个数为 1.91,所有迹中最优对齐个数最多为 54。

由表 6-5 所列统计数据可以看出,虽然真实案例中,个别迹与过程模型之间存在最优对齐,但是大部分迹与过程模型之间的最优对齐个数较少。这就说明真实案例在实际运行 A++算法时,占用内存空间有限,即本算法的空间复杂度亦在可接受范围内。该系列实验数据表明应用 A+算法和 A++算法计算复杂现实案例中批量迹与过程模型之间的最优对齐时具有一定的健壮性。

表 6-6 记录案例 OPSB 和 IPSB 所有迹与过程模型之间最优对齐包含偏差的情况。其中偏差数为"—"表示非固定值,如 OPSB 案例中 21 条迹的偏差数为非固定值,即 21 条迹的最优对齐中存在偏差,但是偏差数并非全部相同,且和上述各值不同。其中,7 条迹偏差数为 18,2 条迹偏差数为 2,1 条迹偏差数为 21 等等。该记录涵盖了偏差数的小概率情况,不再详细列举。

根据似然标准代价函数定义,迹与过程模型之间的偏差即为最优对齐包含的日志移动或模型移动。本实验统计了每个案例其偏差数不为零且相同的迹条数。表 6-4 中数据显示案例 OPSB 的 1 831 条迹与过程模型的最优对齐中,有 241 条迹存在 9 个偏差,173 条迹存在 8 个偏差,56 条迹存在 12 个偏差,49 条迹存在 17 个偏差,21 条迹的偏差是非固定值,其他迹不存在偏差;显示案例 IPSB 的 723 条迹与过程模型的最优对齐中,有 63 条迹存在 13 个偏差,39 条迹存在 31 个偏差,24 条迹存在 10 个偏差,9 条迹存在 3 个偏差,12 条迹的偏差是非固定值,其他迹不存在偏差。

表 6-6 所示统计结果显示案例 OPSB 中 241+173+56+49+21=540 条迹与过程模型之间存在偏差。因此,事件日志中大约 30%的迹不能完全在过程模型上重演。也就意味着,如果使用完整日志进行分析,大约有 30%的迹是不符合要求的,应该过滤掉。案例 IPSB 中 63+39+24+9+12=147 条迹与过程模型之间存在偏差,表示大约 20%的迹不能完全在过程模型上重演。实验结果表明住院系统记录的事件日志比门诊系统更加符合过程模型,因此住院系统所记录数据差错率低,数据处理的吞吐率更高,有更高的严谨性。

从实验结果可看出,应用 AoPm 方法来处理现实生活中复杂问题模型与日志集时，其执行效率较高且占用内存空间有限，时间复杂度和空间复杂度均在可接受范围内，说明了该方法的可用性与健壮性。

6.5 本章小结

目前，已有的计算事件日志中迹与过程模型之间对齐的方法，每次只能计算出一条迹与过程模型之间的对齐。该方法的主要思想为：首先将该迹转化为变迁之间完全是顺序关系的日志模型，接着计算日志模型与过程模型的乘积，然后生成乘积模型的变迁系统，最后利用 A * 对齐算法及 A * 对齐算法的改进算法得到迹与模型之间的最优对齐。计算日志模型与过程模型的乘积系统及其变迁系统工作量比较大，且占用的存储空间较多。如果求多条迹与过程模型的最优对齐，就要不断重复该过程。

针对上述问题，基于工作流网提出一种新的对齐方法——AoPm 方法，可以同时实现事件日志集中多条迹与过程模型之间的对齐。首先，将要与过程模型进行对齐的迹作为一个完备事件日志集，由该事件日志集中所有迹通过基于区域的过程发现算法挖掘出日志模型。然后，得到日志模型和过程模型的乘积及其变迁系统。最后，给出 A＋算法和 A＋＋算法分别计算得到事件日志中每条迹和过程模型之间的一个最优对齐和所有最优对齐。当计算多条迹与过程模型之间的对齐时，该方法只需生成一个乘积模型及相应的变迁系统，大大节省了相关的工作量及存储空间。

AoPm 方法中研究的过程模型采用合理的工作流网建模，计算过程中挖掘的日志模型也修复成合理的工作流网。因此，该方法的输入对象都是合理的工作流网，具有严格的语义支持。该方法沿袭了 A * 对齐算法的求解模式与特点，其处理问题的能力和 A * 对齐算法一致。因此，该方法允许过程模型中带有重复变迁和不可见变迁，以及部分复杂模式和循环结构。另外，该方法能够计算出批量迹与过程模型之间的所有最优对齐，它包含了二者之间所有可能出现的偏差，所以对齐结果可用于各类合规性检查分析。该方法具有一定的可扩展性，但又不适合处理过于复杂的过程模型。如模型中有若干个变迁并发时，可能会引起变迁系统的状态空间爆炸。

当变迁系统中结点增多时，A＋算法和 A＋＋算法作为最优对齐查找算法，其所需内存和时间将会有较大的消耗。虽然通过现实生活案例已经例证了算法的有效性及可行性，但仍可做一些工作来提高最优对齐的查找效率。A＋算法和 A＋＋算法的主要算法思想借鉴于 A * 对齐算法，而 A * 对齐算法在寻找最短路径问题领域是一种高效、先进的搜索算法。因此，A+算法和A++算法无须继续优化。

在进一步研究中，将考虑变迁系统的化简。对变迁系统进行剪枝，即将变迁系统中不在最优对齐路径上的结点删除。处理后的变迁系统中所有从源结点到目标结点的路径都对应着一个最优对齐。新生成的变迁系统不仅节省了占用的内存空间，甚至不必使用 A+算法或者 A++算法，很容易便可得到所需最优对齐。

另外，该方法虽然同时实现了多条迹与过程模型之间的对齐，但是每条迹与过程模型之间的对齐仍是相对独立的。在接下来的研究中，将给出一种新方法，实现多条迹与过程模型的同步对齐，并提出针对该对齐方法的合规性检查标准。

7 总结与展望

近年来，随着 IT 业的快速发展，海量的业务过程执行情况被记录下来。这些可供分析的数据使得过程挖掘技术蓬勃发展。合规性检查是过程挖掘中必不可少的环节，也是一门非常重要的技术。多种不同的方法已经被提出，用以检查观测行为和建模行为之间的一致性。

Adriansyah 等人提出的对齐方法是最先进的拟合度度量方法之一。尽管该方法具有较高的复杂性，但是它为各种复杂日志及模型提供了强健的偏差分析。对齐结果在模型修复、精确度检查及过程发现等方面的广泛应用，也说明了对齐方法在过程挖掘领域的重要性。因此，改进已有对齐方法，提高计算最优对齐的效率迫在眉睫。

7.1 本书主要成果

本书对现有计算最优对齐的方法进行了综合分析与比较，并研究了各类方法的优点和不足，尤其是复杂度较高的症结所在。对于需要改进之处进行了分析，并在此基础上提出了适用于不同情况的高性能对齐方法。本书所做工作主要如下：

(1) 根据 Adriansyah 等人提出的对齐方法计算出迹与过程模型之间的所有最优对齐，发现它们之间的相似性。给出相似最优对齐的性质及分析，选取每组相似最优对齐的代表项。并据此提出一种基于四种基本工作流网模式的对齐方法，该方法适合于结构化良好的过程模型，可以计算出迹与过程模型之间最优对齐的代表项。该代表项可以应用于精确度度量等方面。本书首次给出相似最优对齐的明确定义，以及计算相似最优对齐代表项的简化算法，为以后代表项的应用做好了准备工作。

(2) 根据迹中事件与过程模型中活动一一比对的情况，提出 OAT 算法。该算法可以生成一棵最优对齐树，从根结点到终止叶子结点之间的路径就对应着一个最优对齐。该算法简化了从搜索空间中得到最优对齐的过程。但是，由于对齐信息全部放在了结点上以及未对相同结点进行共享，导致生成结点过多。该方法适用范围较小。

（3）为了改进OAT算法，继承该算法的优点，摒弃该算法的缺陷，提出RapidAlign方法。该方法是一种基于工作流网对齐观察行为和建模行为的方法。该方法可以得到一个最优对齐图，遍历所有源结点到终结点的路径，记录其有向边上的移动，可以得到所有的最优对齐。该方法得到的最优对齐集合与Adriansyah等人提出的对齐方法的运行结果相同。但是，该方法的执行过程更为简单，不仅生成的查找空间小，而且无须使用任何查找方法便可得到一个最优对齐。因此，RapidAlign方法与已有对齐方法相比，时间复杂度和空间复杂度都有较大程度的降低。

（4）针对现有对齐算法只能实现一条迹与过程模型之间对齐的问题，提出一种实现事件日志集与过程模型同时对齐的AoPm算法。首先，该算法从给定事件日志集中挖掘出日志模型，并对该模型进行修复，使其尽量满足"事件日志中每条迹都可以在日志模型中重演，模型中的任一引发序列都对应着事件日志中的一条迹"；其次，计算日志模型与过程模型之间的乘积模型；然后，计算乘积模型的变迁系统；最后，使用A＋算法或者A＋＋算法计算一条最优对齐或者所有最优对齐。在对相同事件日志集进行对齐时，该方法的执行效率远远大于多次执行Adriansyah等人提出的对齐方法的效率。

7.2 进一步研究工作

在对目前已做工作进行总结的基础上，对过程挖掘方面进一步的研究工作主要有以下几点考虑：

（1）本书所提出的批量迹与过程模型之间的对齐方法要求使用过程发现算法，且该算法挖掘出的模型的适应度要为1。该假设前提较难成立，实际执行时还需借助过程修复技术。因此，有必要在挖掘之前对噪声进行处理，获得有效的事件日志数据集并消除噪声。并提出一种新的发现算法，保证其挖掘出的模型满足以下条件：一是事件日志的每条迹都是工作流网模型的一个引发序列；二是工作流网中任一引发序列都是日志的一条迹。并分析该模型网结构的活性、健壮性等性质，确保日志模型的可用性。

（2）总结事件日志集中各条迹之间相同事件的位序及关系，尝试将日志中事件与过程模型中活动的比对思想应用到批量迹与过程模型对齐的应用中去，从而简化批量迹与过程模型对齐的步骤，提高二者之间的对齐效率。

(3) 除了拟合度检查，合规性检查还包括简洁度、精确度和泛化度等维度的检查，而且这四个质量维度之间存在竞争关系。扩展模型与事件日志合规性的质量维度，提出不同质量维度在具体应用环境中的竞争原则；在批量迹与过程模型对齐的基础上，给出同时度量多条迹与过程模型合规性检查结果的标准，衡量批量迹与过程模型之间的关系。

(4) 当事件日志的事件与过程模型的活动出现偏差时，需要寻找偏差出现的原因并对日志或模型加以改善。即在最优对齐的基础上，研究日志修复和模型增强方法，使得修复后的日志可以在模型上重演或者改善后的模型可对当前的流程提供支持。

参考文献

[1] MANYIKA J,CHUI M,BROWN B,et al.Big data:the next frontier for innovation,competition and productivity[EB/OL].https://www.mckinsey. com/business-functions/digital-mckinsey/our-insights/big-data- the-next-frontier-for-innovation.

[2] 李国杰.大数据研究的科学价值[J].中国计算机学会通讯,2012,8(9):8-15.

[3] 孟小峰,慈祥.大数据管理:概念、技术与挑战[J].计算机研究与发展,2013,50(1):146-169.

[4] 程学旗,靳小龙,王元卓,等.大数据系统和分析技术综述[J].软件学报,2014,25(9):1889-1908.

[5] 李军.大数据:从海量到精准[M].北京:清华大学出版社,2014.

[6] 冯登国,张敏,李昊.大数据安全与隐私保护[J].计算机学报,2014,37(1):246-258.

[7] 郭芬,闻立杰,王建民,等.海量流程实例的存储、索引与检索[J].计算机集成制造系统,2015,21(2):359-367.

[8] JESTON J. Business process management [M]. London: Routledge Press,2014.

[9] VAN DER AALST W M P,TERHOFSTEDE A H M,WESKE M.Business process management: a survey[C]// International Conference on Business Process Management. Berlin Heidelberg, Germany: Springer-Verlag,2003.

[10] VAN DER AALST W M P,BARROS F,HEX,et al.Business process management:a comprehensive survey[J].ISRN software engineering,2013(2):1-37.

[11] 李洪霞,杜玉越.业务过程管理研究现状与关键技术[J].山东科技大学学报(自然科学版),2015,34(1):22-28.

[12] 谭伟,范玉顺.业务过程管理框架与关键技术研究[J].计算机集成制造系统,2004,10(7):737-743.

[13] 李向宁.业务过程管理理论与若干关键技术研究[D].西安:西北大学,2007.

[14] OLSON D L,KESHARWANI S.Enterprise information systems:contemporary trends and issues [M]. River Edge, NJ: World Scientific,2009.

[15] VAN DER AALST W M P,ROSA M L,SANTORO F M.Business process management-don't forget to improve the process! [J].Business & information systems engineering,2016,58(1):1-6.

[16] RODRíGUEZ A,FERNáNDEZ-MEDINA E,PIATTINI M.A BPMN extension for the modeling of security requirements in business processes[J].IEICE transactions on information and systems,2007,90(4):745-752.

[17] BUIJS J.Mapping data sources to XES in a generic way[D].Eindhoven, the Netherlands:Eindhoven University of Technology,2010.

[18] SYAMSIYAH A,VAN DONGEN B F,VAN DER AALST W M P. DB-XES:enabling process discovery in the large[C]// International Symposium on Data-Driven Process Discovery and Analysis. Cham, Switzerland:Springer International Publishing,2016.

[19] MITSYUK A A,SHUGUROV I S,KALENKOVA A A,et al.Generating event logs for high-level process models[J].Simulation modeling practice and theory,2017,74:1-16.

[20] VAN DER AALST W M P.Process mining:discovery,conformance and enhancement of business processes[M].Berlin Heidelber:Springer Publishing Company,2011.

[21] 曾庆田.过程挖掘的研究现状与问题综述[J].系统仿真学报,2007,19(16):275-280.

[22] WEN Y,CHEN Z,LIU J,et al.Mining batch processing workflow models from event logs[J].Concurrency and computation:practice and experience,2013,25(13):1928-1942.

[23] VAN DER AALST W M P,WEIJTERS A J M M,MARUSTER L. Workflow mining:discovering process models from event logs[J].IEEE

transactions on knowledge and data engineering, 2004, 16 (9): 1128-1142.
[24] WEBER P, BORDBAR B, TINO P. A framework for the analysis of process mining algorithms[J]. IEEE transactions on systems, man, and cybernetics: systems, 2013, 43(2): 303-317.
[25] CUI L, ZHANG T, XU G, et al. A scheduling algorithm for multi-tenants instance-intensive workflows[J]. Applied mathematics and information sciences, 2013, 7(1L): 99-105.
[26] VAN DER AALST W M P, STAHL C. Modeling business processes: a Petri net oriented approach[M]. Cambridge: MIT Press, 2011.
[27] 化佩.基于 Petri 网及事件日志的过程挖掘方法研究[D].淮南:安徽理工大学,2016:1-13.
[28] VAN DONGEN B F. Process mining and verification[D]. Eindhoven, the Netherlands: Eindhoven University of Technology, 2007.
[29] LEEMANS S, FAHLAND D, VAN W D A. Scalable process discovery and conformance checking[J]. Software & systems modeling, 2018, 17 (2): 599-631.
[30] VAN DER AALST W M P. Process discovery from event data: relating models and logs through abstractions [J]. Wiley interdisciplinary reviews: data mining and knowledge discovery, 2018, 8(3): 1244-1287.
[31] 闻立杰.基于工作流网的过程挖掘算法研究[D].北京:清华大学,2007.
[32] VAN DER AALST W M P. Process mining: data science in action[M]. Berlin Heidelberg: Springer Publishing Company, 2016.
[33] BUIJS J C A M, VAN DONGEN B F, VAN DER AALST W M P. On the role of fitness, precision, generalization and simplicity in process discovery[C]// "OTM Confederated International Conference" on the Move to Meaningful Internet Systems. Berlin Heidelberg, Germany: Springer-Verlag, 2012: 305-322.
[34] BUIJS J C A M, VAN DONGEN B F, VAN DER AALST W M P. Quality dimensions in process discovery: the importance of fitness, precision, generalization and simplicity[J]. International journal of cooperative information systems, 2014, 23(1): 1-8.
[35] LI C, REICHERT M, WOMBACHER A. Mining business process vari-

ants: challenges, scenarios, algorithms[J]. Data and knowledge engineering,2011,70(5):409-434.

[36] BOSE R P,WM V D A,ZLIOBAITE I,et al.Dealing with concept drifts in process mining[J]. IEEE transactions on neural networks and learning systems,2014,25(1):154-171.

[37] GRECO G, GUZZO A, PONTIERI L, et al. Discovering expressive process models by clustering log traces[J]. IEEE transactions on knowledge and data engineering,2006,18(8):1010-1027.

[38] VAN DER AALST WMP,RUBIN V,VERBEEK HMW,et al.Process mining:a two-step approach to balance between underfitting and overfitting[J].Software and systems modeling,2010,9(1):87-111.

[39] VAN DER AALST W M P,ADRIANSYAH A,MEDEIROS A K A D, et al.Process mining manifesto[C]// International Conference on Business Process Management. Berlin Heidelberg, Germany: Springer-Verlag,2011.

[40] ADRIANSYAH A.Aligning observed and modeled behavior[D].Eindhoven,the Netherlands:Eindhoven University of Technology,2014.

[41] ROZINAT A ,VAN DER AALST W M P.Conformance checking of processes based on monitoring real behavior[J].Information systems, 2008,33(1):64-95.

[42] MEDEIROS A K A D,WEIJTERS A J M M,VAN DER AALST W M P.Genetic process mining:an experimental evaluation[J].Data mining and knowledge discovery,2007,14(2):245-304.

[43] WEIJTERS A, VAN DER AALST W M P.Process mining with the heuristics miner-algorithm[D].Eindhoven,the Netherlands:Eindhoven University of Technology,2006.

[44] VAN DER AALST W M P,ALVES D M A K,WEIJTERS A J M M. Genetic process mining[C]// International Conference on Application and Theory of Petri Nets. Berlin Heidelberg, Germany: Springer-Verlag,2005.

[45] VAN DER AALST W M P.Business alignment:using process mining as a tool for Delta analysis and conformance testing[J].Requirements engineering,2005,10(3):198-211.

[46] VAN DER AALST W M P, MEDEIROS A K A D. Process mining and security: detecting anomalous process executions and checking process conformance[J]. Electronic notes in theoretical computer science, 2005, 121: 3-21.

[47] VAN DER AALST W M P, DUMAS M, OUYANG C, et al. Choreography conformance checking: an approach based on BPEL and Petri nets [D]. Brisbane, Australia: Queensland University of Technology, 2005.

[48] DE WEERDT J, DE BACKER M, VANTHIENEN J, et al. A robust F-measure for evaluating discovered process models[C]// IEEE Symposium on Computational Intelligence and Data Mining(CIDM-2011). Piscataway, New Jersey, USA: IEEE Press, 2011.

[49] GOEDERTIER S, MARTENS D, VANTHIENEN J, et al. Robust process discovery with artificial negative events[J]. Journal of machine learning research, 2009, 10(9): 1305-1340.

[50] ROZINAT A, VELOSO M, VAN DER AALST W M P. Using hidden Markov models to evaluate the quality of discovered process models [D]. Brisbane: Queensland University of Technology, 2008.

[51] RABINER L R. A tutorial on hidden Markov models and selected applications in speech recognition[J]. Proceedings of the IEEE, 1989, 77(2): 257-286.

[52] FORNEY G D. The Viterbi algorithm[J]. Proceedings of the IEEE, 1973, 61(3): 268-278.

[53] PETKOVIC M, PRANDI D, ZANNONE N. Purpose control: did you process the data for the intended purpose? [C]// Workshop on Secure Data Management. Berlin Heidelberg, Germany: Springer-Verlag, 2011.

[54] LAPADULA A, PUGLIESE R, TIEZZI F. A calculus for orchestration of web services[C]// European Symposium on Programming. Berlin Heidelberg, Germany: Springer-Verlag, 2007.

[55] BANESCU S, ZANNONE N. Measuring privacy compliance with process specifications[C]// 2012 Third International Workshop on Security Measurements and Metrics. Piscataway, New Jersey, USA: IEEE Press, 2011.

[56] LEVENSHTEIN V I. Binary codes capable of correcting deletions, in-

sertions and reversals[J].Soviet physics doklady,1966,10(8):707-710.
[57] FERREIRA D R,SZIMANSKI F,RALHA C G.A hierarchical Markov model to understand the behaviour of agents in business processes [C]// International Conference on Business Process Management Workshops.Berlin Heidelberg,Germany:Springer-Verlag,2012.
[58] COOK J E, WOLF A L. Software process validation: quantitatively measuring the correspondence of a process to a model[J].ACM transactions on software engineering and methodology(TOSEM),1999,8(2):147-176.
[59] HE C,MA C.Measuring behavioral correspondence to a timed concurrent model[C]// Proceedings IEEE International Conference on Software Maintenance(ICSM 2001). Piscataway, New Jersey, USA: IEEE Press,2001.
[60] GÜNTHER C W.Process mining in flexible environments[D].Eindhoven,the Netherlands:Eindhoven University of Technology,2009.
[61] GÜNTHER C W,VAN DER AALST W M P.Fuzzy mining-adaptive process simplification based on multi-perspective metrics[C]// International Conference on Business Process Management. Berlin Heidelberg,Germany:Springer-Verlag,2007.
[62] JUHÁS G,LORENZ R,DESEL J.Can I execute my scenario in your net? [C]// International Conference on Applications and Theory of Petri Nets.Berlin Heidelberg,Germany:Springer-Verlag,2005.
[63] MUNOZ-GAMA J,CARMONA J,VAN DER AALST W M P.Conformance checking in the large:partitioning and topology[C]// International Conference on Business Process Management. Berlin Heidelberg,Germany:Springer-Verlag,2013.
[64] MUNOZ-GAMA J,CARMONA J,VAN DER AALST W M P.Single-Entry Single-Exit decomposed conformance checking[J]. Information systems,2014,46:102-122.
[65] WANG L,DU Y Y,LIU W.Aligning observed and modeled behaviour based on workflow decomposition[J].Enterprise information systems, 2017,11(8):1207-1227.
[66] LI G,VAN DER AALST W M P.A framework for detecting deviations

in complex event logs[J]. Intelligent data analysis, 2017, 21(4): 759-779.

[67] VERBEEK H M W.Decomposed replay using hiding and reduction as abstraction[C]// Transactions on Petri Nets and Other Models of Concurrency Ⅻ.Berlin Heidelberg,Germany:Springer-Verlag,2017.

[68] ADRIANSYAH A,VAN DONGEN B F,VAN DER AALST W M P. Conformance checking using cost-based fitness analysis[C]// Proceedings of the 15th IEEE International Enterprise Distributed Object Computing Conference(EDOC). Piscataway, New Jersey, USA: IEEE Press,2011.

[69] LU X, FAHLAND D, VAN DER AALST W M P. Conformance checking in healthcare based on partially ordered event data[C]// Emerging Technology and Factory Automation(ETFA). Piscataway, New Jersey,USA:IEEE Press,2014.

[70] LU X, FAHLAND D, VAN DER AALST W M P. Conformance checking based on partially ordered event data[C]// International Conference on Business Process Management.Cham,Switzerland:Springer International Publishing,2014.

[71] SONG W,XIA X,JACOBSEN H A,et al.Efficient alignment between event logs and process models[J].IEEE transactions on services computing,2017,10(1):136-149.

[72] BOSE R P J C,VAN DER AALST W M P.Process diagnostics using trace alignment: opportunities, issues, and challenges[J]. Information system,2012,37(2):117-141.

[73] VERBEEK H M W,VAN DER AALST W M P.Merging alignments for decomposed replay[C]// International Conference on Applications and Theory of Petri Nets and Concurrency.Cham,Switzerland:Springer International Publishing,2016.

[74] WEIDLICH M,POLYVYANYY A D N,MENDLING J,et al.Process compliance analysis based on behavioral profiles[J].Information systems,2011,36(7):1009-1025.

[75] VAN DER AALST W M P,ADRIANSYAH A,VAN DONGEN B F. Replaying history on process models for conformance checking and per-

formance analysis[J]. Wiley interdisciplinary reviews: data mining and knowledge discovery, 2012, 2(2): 182-192.

[76] ADRIANSYAH A, MUNOZGAMA J, CARMONA J, et al. Alignment based precision checking[C]// International Conference on Business Process Management. Berlin Heidelberg, Germany: Springer-Verlag, 2012.

[77] ADRIANSYAH A, VAN DONGEN B F, VAN DER AALST W M P. Towards robust conformance checking[C]// International Conference on Business Process Management. Berlin Heidelberg, Germany: Springer-Verlag, 2010.

[78] ROZINAT A. Process mining: conformance and extension[D]. Eindhoven: Eindhoven University of Technology, 2010.

[79] DE LEONI M, MAGGI F M, VAN DER AALST W M P. Aligning event logs and declarative process models for conformance checking [C]// International Conference on Business Process Management. Berlin Heidelberg Germany: Springer-Verlag, 2012.

[80] LEONI M D, MUNOZGAMA J, CARMONA J, et al. Decomposing alignment-based conformance checking of data-aware process models [C]// OTM Confederated International Conferences "On the Move to Meaningful Internet Systems". Berlin Heidelberg, Germany: Springer-Verlag, 2014.

[81] LEE W L J, VERBEEK H E, MUNOZGAMA J J, et al. Recomposing conformance: Closing the circle on decomposed alignment-based conformance checking in process mining[J]. Information sciences, 2018, 466: 55-91.

[82] LEONI M D, MAGGI F M, VAN DER AALST W M P. An alignment-based framework to check the conformance of declarative process models and to preprocess event-log data[J]. Information systems, 2015, 47: 258-277.

[83] CAO B, YIN J, DENG S, et al. Graph-based workflow recommendation: on improving business process modeling[C]// Proceedings of the 21st ACM International Conference on Information and Knowledge Management. New York, USA: ACM Press, 2012.

[84] VAN ECK M L.Alignment-based process model repair and its application to the evolutionary tree miner[D]. Eindhoven, the Netherlands: Eindhoven University of Technology, 2013.

[85] FAHLAND D, VAN DER AALST W M P. Model repair-aligning process models to reality [J]. Information systems, 2015, 47 (1): 220-243.

[86] 杜玉越,孙亚男,刘伟.基于 Petri 网的模型偏差域识别与模型修正[J].计算机研究与发展,2016,53(8):1766-1780.

[87] 祁宏达,杜玉越,刘伟.一种高精确度的过程模型修复方法[J].计算机集成制造系统,2017,23(5):931-940.

[88] ZHANG X, DU Y, QI L, et al. An approach for repairing process models based on logic Petri nets[J]. IEEE access, 2018, 6: 29926-29939.

[89] WANG J, SONG S, ZHU X, et al. Efficient recovery of missing events [J]. IEEE transactions on knowledge & data engineering, 2016, 28(11): 2943-2957.

[90] WANG J, SONG S, LIN X, et al. Cleaning structured event logs: a graph repair approach[C]// IEEE 31st International Conference on Data Engineering(ICDE). Piscataway, New Jersey, USA: IEEE Press, 2015.

[91] VAN ECK M L, BUIJS J C A M, VAN DONGEN B F. Genetic process mining: alignment-based process model mutation [C]// International Conference on Business Process Management. Cham, Switzerland: Springer International Publishing, 2014.

[92] MURATA T. Petri nets: properties, analysis and applications[J]. Proceedings of the IEEE, 1989, 77(4): 541-580.

[93] PETERSON J L.PETRI 网理论与系统模拟[M].吴哲辉,译.徐州:中国矿业大学出版社,1989.

[94] 吴哲辉.Petri 网导论[M].北京:机械工业出版社,2006.

[95] 袁崇义.Petri 网原理与应用[M].北京:电子工业出版社,2005.

[96] 蒋昌俊.Petri 网的行为理论及其应用[M].北京:高等教育出版社,2003.

[97] DU Y Y, QI L, ZHOU M C. A vector matching method for analyzing logic Petri nets [J]. Enterprise information systems, 2011, 5 (4): 449-468.

[98] VAN DER AALST W M P. Business process management as the

"Killer App" for Petri nets[J].Software & system modeling,2015,14(2):685-691.
[99] VAN DER AALST W M P,VAN DONGEN B F.Discovering Petri nets from event logs[C]// Transactions on Petri Nets and Other Models of Concurrency Ⅶ.Berlin Heidelberg,Germany:Springer-Verlag,2013.
[100] LIU W, DU Y Y, ZHOU M C, et al. Transformation of logical workflow nets [J]. IEEE transactions on systems, man, and cybernetics:systems,2014,44(10):1401-1412.
[101] HU Q,DU Y Y,YU S X,Service net algebra based on logic Petri nets [J].Information sciences,2014,268:271-289.
[102] VAN DER AALST W M P.Verification of workflow nets[C]// International Conference on Application and Theory of Petri Nets.Berlin Heidelberg,Germany:Springer-Verlag,1997.
[103] VAN DER AALST W M P.The application of Petri nets to workflow management[J].Journal of circuits,systems,and computers,1998,8(1):21-66.
[104] VAN DER AALST W M P,VAN HEE K M.Workflow management: models,methods and systems[M].Cambridge,MA:MIT Press,2002.
[105] VAN DER AALST W M P,VAN HEE K M.工作流管理:模型、方法和系统[M].王建民,闻立杰,译.北京:清华大学出版社,2004.
[106] VAN DER AALST W M P,TER HOFSTEDE A H M,KIEPUSZEWSKI B,et al.Workflow patterns[J].Distributed and parallel databases,2003,14(1):5-51.
[107] VAN ZELST S J,VAN DONGEN B F,VAN DER AALST W M P,et al.Discovering workflow nets using integer linear programming[J]. Computing,2018,100(5):529-556.
[108] RUSSELL N,VAN DER AALST W M P,HOFSTEDE A H M T. Workflow patterns: the definitive guide[M]. Cambridge: The MIT Press,2017.
[109] VAN DER AALST W M P,WESTERGAARD M,REIJERS H A. Beautiful workflows: a matter of taste? [J]. Lecture notes in computer science,2013(2):211-233.
[110] 杜玉越,蒋昌俊.基于工作流网的实时协同系统模拟技术[J].计算机学

报,2004,27(4):471-481.

[111] VAN DER AALST W M P, HEE K M, HOFSTEDE A H M, et al. Soundness of workflow nets: classification, decidability, and analysis [J]. Formal aspects of computing, 2011, 23(3): 333-363.

[112] VAN DER TOORN R. Component-based software design with Petri nets: an approach based on inheritance of behavior [D]. Eindhoven: Eindhoven University of Technology, 2004.

[113] DU Y Y, JIANG C J, ZHOU M C, et al. Modeling and monitoring of e-commerce workflows [J]. Information sciences, 2009, 179 (7): 995-1006.

[114] 左孝凌,李为鉴,刘永才.离散数学[M].上海:上海科学技术文献出版社,1982.

[115] ROSEN K H. Discrete mathematics and its applications[M]. 2nd ed. New York: McGraw-Hill Inc, 2007.

[116] 林闯,曲扬,郑波,等.一种随机 Petri 网性能等价化简与分析方法[J].电子学报,2002,30(11):1620-1623.

[117] 林闯,田立勤,魏丫丫.工作流系统模型的性能等价分析[J].软件学报,2002,13(8):1472-1480.

[118] VERBEEK H M W, BUIJS J C A M, VAN DONGEN B F, et al. ProM 6: the process mining toolkit[C]// Proceedings of BPM Demonstration Track 2010. Hoboken, USA: IEEE, 2010.

[119] WEN L, WANG J, SUN J. Mining invisible tasks from event logs [C]// Advances in Data and Web Management. Berlin Heidelberg, Germany: Springer-Verlag, 2007.

[120] WEN L, VAN DER AALST W M P, WANG J, et al. Mining process models with non-free-choice constructs [J]. Data mining and knowledge discovery, 2007, 15(2): 145-180.

[121] WEN L, WANG J, VAN DER AALST W M P, et al. Mining process models with prime invisible tasks[J]. Data & knowledge engineering, 2010, 69(10): 999-1021.

[122] 李嘉菲,刘大有,杨博.过程挖掘中一种能发现重复任务的扩展 α 算法[J].计算机学报,2007,30(8):1436-1445.

[123] HE Z, DU Y, WANG L, et al. An Alpha-FL Algorithm for discovering

free loop structures from incomplete event logs[J]. IEEE access, 2018,6:27885-27901.

[124] WEIJTERS A J M M, RIBEIRO J T S. Flexible heuristics miner (FHM)[C]// IEEE Symposium on Computational Intelligence and Data Mining (CIDM).Piscataway,New Jersey:IEEE Press,2011.

[125] 鲁法明,曾庆田,段华,等.一种并行化的启发式流程挖掘算法[J].软件学报,2015,26(3):533-549.

[126] 查海平,王建民,孙家广.一种基于滑窗的增量式过程挖掘算法[J].计算机集成制造系统,2008,14(1):203-208.

[127] VAN DONGEN B F,VAN DER AALST W M P.Multi-phase process mining:building instance graphs[C]// International Conference on Conceptual Modeling. Berlin Heidelberg, Germany: Springer-Verlag,2004.

[128] VAN DONGEN B F,BUSI N,PINNA G M,et al.An iterative algorithm for applying the theory of regions in process mining[C]// Proceedings of the Workshop on Formal Approaches to Business Processes and Web Services (FABPWS'07). Siedlce, Poland: Publishing House of University of Podlasie,2007.

[129] VAN DONGEN B F,DE MEDEIROS A K A,WENN L.Process mining:overview and outlook of Petri net discovery algorithms[C]// Transactions on Petri Nets and Other Models of Concurrency Ⅱ.Berlin Heidelberg,Germany:Springer-Verlag,2009.

[130] SONG W,JACOBSEN H A,YE C,et al.Process Discovery from dependence-complete event logs[J].IEEE transactions on services computing,2015,9(5):714-727.

[131] HU H S,LI Z W,WANG A R.Mining of flexible manufacturing system using work event logs and Petri nets[C]// International Conference on Advanced Data Mining and Applications.Berlin Heidelberg, Germany:Springer-Verlag,2006.

[132] ZELST S J V,VAN DONGEN B F,VAN DER AALST W M P.Event stream-based process discovery using abstract representations[J]. Knowledge and information systems,2018,54(2):407-435.

[133] VERBEEK H E,MUNOZGAMA J J,VAN DER AALST W M P.Di-

vide and conquer: a tool framework for supporting decomposed discovery in process mining[J]. The computer journal, 2017, 60(11): 1649-1674.

[134] VAN DER WERF J M E M, VAN DONGEN B F, HURKENS C A J, et al. Process discovery using integer linear programming[C]// International Conference on Applications and Theory of Petri Nets. Berlin Heidelberg, Germany: Springer-Verlag, 2008.